山东省一流学科（建筑学）资助出版
山东建筑大学建筑城规学院青年教师论丛

钒钛黑瓷太阳能集热
技术研究与优化设计

何文晶 丁 玎 著

中国建筑工业出版社

图书在版编目（CIP）数据

钒钛黑瓷太阳能集热技术研究与优化设计／何文晶，丁玎著.
—北京：中国建筑工业出版社，2020.6
（山东建筑大学建筑城规学院青年教师论丛）
ISBN 978-7-112-24969-5

Ⅰ．①钒… Ⅱ．①何…②丁… Ⅲ．①太阳能聚热器－最优设计
Ⅳ．①TK513.3

中国版本图书馆CIP数据核字（2020）第041505号

责任编辑：刘　静　徐　冉
书籍设计：锋尚设计
责任校对：李美娜

山东建筑大学建筑城规学院青年教师论丛
钒钛黑瓷太阳能集热技术研究与优化设计
何文晶　丁　玎　著

*

中国建筑工业出版社出版、发行（北京海淀三里河路9号）
各地新华书店、建筑书店经销
北京锋尚制版有限公司制版
北京建筑工业印刷厂印刷

*

开本：787×1092毫米　1/16　印张：13　字数：312千字
2020年6月第一版　2020年6月第一次印刷
定价：**55.00**元
ISBN 978 – 7 – 112 – 24969 – 5
（35655）

序

在国家节能与减排的政策引导下，太阳能集热技术在建筑中的应用量明显增加。相应的，行业与民生对太阳能与建筑一体化的要求逐渐增高。然而，目前普遍采用的玻璃真空管与金属平板太阳能集热系统，在推广应用中仍存在设备成本高、综合效率低、架设方式不合理等显著问题，最为重要的是使用年限较短，无法与建筑同寿命。

钒钛黑瓷具有高度的化学稳定性，不腐蚀、不老化，在使用过程中不会产生二次污染，其强度比普通陶瓷几乎高一倍，是典型的功能材料和能源材料。用废弃提钒尾渣生产钒钛黑瓷，既可实现工业废弃物的回用，又能充分利用太阳能资源，在真正意义上实现绿色节能的新型工业生产理念。

自1985年山东省科学院曹树梁研究员发明以提钒尾渣制造钒钛黑瓷的工艺以来，国内外学者对钒钛黑瓷太阳能集热技术及其在建筑中的应用做出了进一步研究，本书的两位作者何文晶博士与丁玎博士也都在此领域进行了多年的探索。何文晶博士的研究课题为"双效钒钛黑瓷太阳能集热器热性能及建筑集成设计"，丁玎博士的研究课题为"钒钛黑瓷太阳能集热技术的农宅应用机理与优化设计"，二人均取得了创新性的理论成果。

本书集成了两位博士的研究成果，对钒钛黑瓷太阳能集热技术进行了深入阐述，对该技术的优化和应用进行了创新探索。本书深化了钒钛黑瓷太阳能集热技术的研究基础，填补了其建筑应用理论研究的空白，具有很强的实践意义、环保作用和社会推广价值。

山东建筑大学教授、博士生导师

2019年10月

前言

钒钛黑瓷太阳能集热器成本低廉、寿命长、抗老化性好，若能提升集热效率、优化集热模式、建立成熟的建筑一体化构成方法，将有助于拓展太阳能采暖技术在建筑中的应用。

本书对钒钛黑瓷太阳能集热器、集热系统与辅热系统进行了理论优化；提出了一种新的集热形式——太阳能热水和预热新风同步供给的双效钒钛黑瓷太阳能集热，并设计出该类型集热器和与之配套的集热系统；针对应用的建筑类型，总结出一套集热器参数设计方法；完成了集热器与建筑屋面、墙面的一体化构成。本书定量研究了集热器在室内空气品质、节能、经济和环保等方面的效益，定性研究了社会效益。研究表明，该集热技术优化整合效益良好，适合应用推广。

在课题的研究及本书的出版过程中，有许多专家学者曾对笔者进行指导。在此，感谢山东省科学院曹树梁研究员及其团队提供了丰富的研究基础和一定的试验条件。感谢山东建筑大学博士生导师王崇杰教授多年来的教导。另外，还要将本书献给已故的天津大学博士生导师高辉教授，以感谢他的指导和为建筑技术领域做出的终身贡献。

目录

1

绪论

地球环境污染，尤其是空气污染形势危急，对人类健康的危险日渐加剧。据统计，全球约有超过80%的城市不符合联合国的空气质量标准。根据2017年联合国环境大会公布的最新数据显示[①]，全世界每年1260万人死亡，每4名死者中，就有1名死于环境问题，其中空气污染每年夺走650万人生命；世界卫生组织于2018年5月2日发布的最新数据显示[②]，每年全球估计有多达700万人死于室外环境和室内空气污染，世界上每10个人中就有9个正在呼吸含有高浓度污染物的空气，空气污染因此成为第一大环境问题。

近年来，在我国大力治理生态环境的政策下，空气质量得到一定的改善，但雾霾天气依旧困扰着我国大部分地区，空气质量问题持续成为近年来公众关注的热门话题。最新数据显示，2017年全年 $PM_{2.5}$、PM_{10} 平均浓度分别为 $47.33\mu g/m^3$、$82.33\mu g/m^3$，$PM_{2.5}$ 中包含硫酸盐、硝酸盐和黑碳等对健康威胁最大的污染物。2018年全年 $PM_{2.5}$ 浓度为 $39\mu g/m^3$，同比下降9.3%；PM_{10} 浓度为 $71\mu g/m^3$，同比下降5.3%。虽然全国空气质量总体有所改善，但形势依旧严峻，《中国环境空气质量管理评估报告（2018）》中指出，2018年冬季总体气象条件依旧较2017年偏差，未来中国空气质量改善工作依然艰巨。

空气污染物与温室气体具有同根同源性，造成空气污染与全球变暖最大的原因都是化石燃料的燃烧。然而，目前我国能源仍以煤炭、石油和天然气等天然化石能源为主，能源开发与利用几乎一直处于低效率和高消耗之中。具体数据显示，2017年，我国能源消费结构中，煤炭占比60.42%，石油占比19.40%，合计比重接近80%；2018年，能源消费总量46.2亿吨标准煤，其中非化石能源仅占比14.3%。我国现已意识到能源与环境方面问题的严重性，根据国家发改委、国家能源局印发的《能源生产和消费革命战略（2016-2030年）》目标，到2021~2030年，可再生能源、天然气和核能利用持续增长，高碳化石能源利用大幅减少，非化石能源占能源消费总量

① 联合国环境署执行主任索尔海姆发表环境署最新报告《迈向零污染地球》http://m.news.cctv.com/2017/12/05/ARTIb10ec1Hv3ksZjZ79Q6f3171205.shtml.

② 世卫组织. 贫富国空气污染差距拉大 [J]. 环境与生活，2018（5）.

比重达到 20% 左右，天然气占比达到 15% 左右，新增能源需求主要依靠清洁能源满足。

空气污染防治的政策、措施和技术最终都会指向能源结构、产业结构、交通模式、建筑用能的清洁化。目前，为解决我国巨大的建筑能耗问题，建筑节能中太阳能的利用成为实现建筑可持续发展的重要环节。

环境与能源是当前全球面临的共同问题，我国对此也越来越重视。

从全球的生态环境现状来看，碳排放量必须逐步减少毋庸置疑，但是我国面临的现状非常严峻。目前我国是世界上二氧化碳排放量最大的国家。根据《全球二氧化碳排放趋势报告 2012》，我国二氧化碳排放量占世界总排放量的 29%，增长率为 9%。持续走高的经济增长率以及相应增加的燃料消耗量是导致我国二氧化碳排放量增长的主要原因，而燃料的消耗与建筑施工、基础设施建设的日益增多具有密切关系。另外，近年来 "雾霾" 也成为对我国空气环境最常见的描述。2013 年，雾霾几乎席卷大半个中国，104 个城市重度 "沦陷"，平均雾霾天创 52 年之最，多地 $PM_{2.5}$ 增至 $700\mu g/m^3$、$1000\mu g/m^3$，远远超出世界卫生组织制定的年平均浓度 $10\mu g/m^3$、24 小时平均浓度 $25\mu g/m^3$ 的 $PM_{2.5}$ 标准限值。[①] 北京市环保局环保监测中心于 2014 年 1 月召开 "2013 年北京市空气质量状况新闻通报会" 表示，对 $PM_{2.5}$ 的贡献度，外来传输的污染物占 24.5%、机动车占 22.2%、燃煤占 26.7%。因此，减少燃煤的使用量成为有效改善环境的重要措施。

从我国资源储备来看，能源存储非常有限。截至 2012 年底，我国石油探明储量占世界总量的 1%，可开采年限为 11.4 年；天然气探明储量占世界总量的 1.7%，可开采年限为 28.9 年；煤炭探明储量占世界总量的 13.3%，可开采年限为 31 年。然而，随着经济的发展，我国能源需求不断增长。2012 年，我国的煤炭消费量首次达到全球煤炭消费总量的一半，我国和印度贡献了近 90% 的全球能源消费净增量。[②] 国内 9.7% 的煤炭消耗增长率以及 10% 的煤炭进口增长率使得我国超过日本成为全球最大的煤炭进口国。由此可见，长此以往，我国的能源储备将难以支持能源需求。

从我国的能源消耗结构来看，建筑、工业、交通并列为三大能源消耗领域。近 20 年来，随着我国的建筑面积迅速增长，建筑能耗强度不断上升，建筑总能耗持续增加。2011 年，我国建筑能耗总量为 6.87 亿吨标煤，占全国总能耗的 19.74%，与 2001 年相比，建筑总能耗增加了了近 1 倍。[③] 建筑能耗的持续增长也带来了碳排放量的增加，城市生产、交通及建筑的碳排放量约占城市总排放量的 80% 以上，其中建筑碳排放量占总排放量的 20% 以上。[④] 因此，有效降低建筑能耗具有非常重要的意义。

综上所述，因为常规能源的储量有限、不可再生，而且在使用过程中会释放大量的空气

① 新华网. 拿什么拯救你——"爆表"的霾 [OL]. http://news.xinhuanet.com/photo/2013-12/11/c_1258 40212_2.htm.

② BP 集团. BP 世界能源统计年录 [R]. 2013.

③ 清华大学建筑节能研究中心. 中国建筑节能年度发展研究报告 2013[R]. 北京：中国建筑工业出版社，2013：4.

④ 祁神军，张云波，王晓璇. 我国建筑业直接能耗碳排放结构特征研究 [J]. 建筑经济，2012，12：58-62.

污染物，所以在建筑领域大力推广可再生能源的应用，将减轻大气污染，保护生态环境，缓解偏远的缺电少能农村的用能需求，提高城乡居民的生活质量和住宅舒适度，符合社会可持续发展的目标与要求。

1.1 太阳能集热器的发展和现状

目前我国可再生能源的使用量增长较快，在全球能源消费中所占比例从 2002 年的 0.8% 升至 2012 年的 2.4%，尤其是太阳能利用具有较大增幅。这是因为我国太阳能资源丰富，约占全国总面积 2/3 以上的地区具有利用太阳能的良好条件。充分利用太阳能，能够有效降低建筑能耗，减少碳排放，保护环境。2013 年 1 月国务院发布《绿色建筑行动方案》，明确指出我国需积极推动太阳能等可再生能源在建筑中的应用，提出了 2015 年前太阳能资源适宜地区应出台太阳能光热建筑一体化的强制性推广政策及技术标准，推广应用太阳能热水，进一步发展与实现被动式太阳能采暖的目标。国家发展改革委等部门在 2017 年底发布的《北方地区冬季清洁取暖规划（2017-2021 年）》[1] 中提出，要大力推广太阳能供暖，进一步推动太阳能热水应用。到 2021 年，计划实现太阳能供暖面积达到 5000 万平方米。[2]

近些年来，由于国家相关政策的引导，我国的太阳能产业得到快速发展。因为技术相对成熟，造价相对较低，太阳能在建筑中的热利用最为广泛。太阳能热利用主要是通过集热器把太阳辐射能转换为热能以直接利用。集热器是太阳能热利用系统的关键部件，能够收集太阳辐射并将产生的热能传递到传热工质，其可以按照传热介质的种类、进入采光口的太阳辐射是否改变方向、工作温度的范围、是否跟踪太阳运行以及是否有真空空间等不同方式进行分类。本节的太阳能集热器的发展和现状研究将按照传热介质种类将太阳能集热器划分为用液体作为传热介质的液体工质太阳能集热器和用空气作为传热介质的太阳能空气集热器来进行，在此分类的基础上再按照是否有真空空间对玻璃真空管型和金属平板型分别阐述。

1.1.1 液体工质太阳能集热器

最为常见的太阳能热水器可以作为液体工质集热器的典型应用代表。根据气候条件的不同，该类型集热器的传热介质为水或防冻液。

1.1.1.1 玻璃真空管式太阳能液体工质集热器

（1）集热器类型与特点

真空管式集热器在国内应用普遍，占总应用量的 70% 以上。真空管式集热器按照材料

① 赵艺博，武菁，张斌，等. 居民冬季取暖现状及清洁取暖接受意愿调研分析——以河北省试点地区为例 [J]. 农村科学实验，2017（7）：42-43.
② 国家发展和改革委员会，国家能源局，财政部，等. 北方地区冬季清洁取暖规划（2017-2021 年）[OL]. 中华人民共和国中央人民政府，2017-12-20.

的不同，可以分为全玻璃型和金属—玻璃型两大类，金属—玻璃型又可以划分为热管式真空管集热器、同心套管式真空管集热器、U 形管式真空管集热器三种类型，反射板可与真空管结合提高集热效率。[①]

1）全玻璃真空管太阳能集热器

该类型集热器由内外两根同心圆玻璃管构成，为了加强保温，玻璃管之间抽成真空，选择性涂膜覆盖在内管的外表面，其发射率低，吸收率高，热效率高，热散失少（图 1-1）。太阳光透过外层玻璃照射到内管上转化为热能，加热内管中的液体工质。

2）热管式真空管集热器

热管式真空管集热器由真空玻璃管、热管、吸热板三部分组成（图 1-2）。吸热板被太阳光透过玻璃管照射加热，热管内的工质获取热量后汽化，然后升到热管冷凝端，放热后冷凝成液体，液态工质在重力的作用下流回热管的下端。工作过程不断往复，放出的热量加热水箱或联箱中的水。

3）同心套管式真空管集热器（直流式真空管集热器）

同心套管式真空管集热器的外形跟热管式真空管较为相似，热管用两根内外相套的金属管代替（图 1-3）。冷的工质通过内管进入真空管，被吸热板加热后，热的工质从外管流出。传热介质进入真空管，被吸热板直接加热，减少了中间环节的传导热损失，因此提高了热效率。

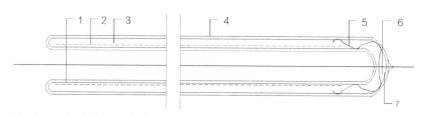

1- 内玻璃管；2- 太阳能选择性吸收涂层；3- 真空夹层；4- 罩玻璃管；5- 弹簧夹子；6- 吸气剂；7- 吸气膜

图 1-1　全玻璃真空管太阳能液体工质集热器结构

图 1-2　热管式真空管太阳能液体工质集热器结构

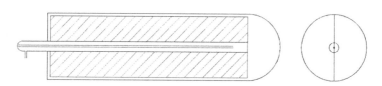

图 1-3　同心套管式真空管太阳能液体工质集热管结构

---

① 王崇杰，薛一冰，等. 太阳能建筑设计 [M]. 北京：中国建筑工业出版社，2007.

4）U形管式真空管集热器

将全玻璃真空管插入弯成U形的金属管，在U形金属管和全玻璃真空管之间，设置有与二者均紧密接触的金属翅片，起到了热传导的作用。流体工质在金属管中流动的过程中吸收了全玻璃真空管收集的太阳能热量（图1-4）。

在该类型集热器中，全玻璃真空管保温性能好，在低温环境中热散失少，加热工质温度高，而且玻璃管不直接接触被加热的流体，热量转换得更直接，避免了热管式集热器双真空结构带来的一系列问题，整体效率高于热管式真空管集热器。

5）反光板与真空管结合

为了提高真空管的集热效率，可以在集热管下设置反光板形成反射器。图1-5所示为几种常见的组合方式。[1]

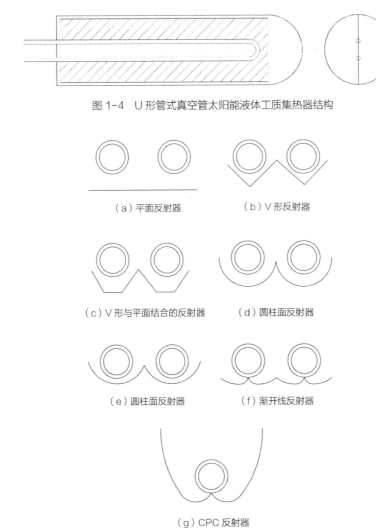

图 1-4 U形管式真空管太阳能液体工质集热器结构

（a）平面反射器 （b）V形反射器

（c）V形与平面结合的反射器 （d）圆柱面反射器

（e）圆柱面反射器 （f）渐开线反射器

（g）CPC反射器

图 1-5 反光板与真空管液体工质集热器的组合

---

[1] 罗运俊，陶桢. 太阳能热水器及系统 [M]. 北京：化学工业出版社，2007：66.

其中，CPC反射器具有双弧面，并且两个弧面的弧线为所用真空集热管截面圆的渐开线，真空集热管能够吸收到来自双弧面反射的360°入射光线的热量，对直射和漫反射光线都有效果，因此实现了高聚光率和高反射率，大大降低了热损失。尤其在阴雨天气，CPC反射器能将空气中的散射阳光聚焦，反射到真孔管表面，提高集热效率。相对于普通集热器，CPC集热器在春、秋、冬季能获得更多的能量，无论是多云还是气温在0℃以下，全年都能安全可靠地供应热水（图1-6）。

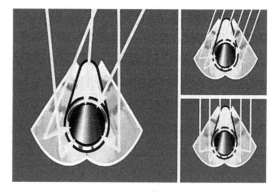

图1-6　CPC反射器工作原理

（2）国内外研究现状

孙伟等[①]利用简单的曲柄连杆机构在热管式真空管集热器上组合了双效抛物面聚光器（CPC）和跟踪技术，研制出跟踪式CPC热管式真空管太阳能集热器，其聚光比达到2.3。该集热器在跟踪模式下的高效集热时间是6小时，可达到固定模式的2倍。研究表明，采用间歇跟踪能够有效提高集热性能，日平均集热效率可以达到45%，比固定式集热器的集热效率高16%。

赵玉兰等[②]对CPC热管式真空管太阳能集热器进行了传热分析，并对CPC热管式真空管集热器、热管式真空管集热器和CPC热管式集热器的集热效率进行了对比。理论计算和实验结果表明，因为真空管具有良好的保温性能以及CPC反射器的作用，CPC热管式真空管集热器的集热效率最高。

李建昌等[③]对真空管集热器的涂层进行了研究，认为应采用电化学或磁控溅射技术并结合纳米材料对涂层进行多层化、梯度化研究，应着重发展Mo类金属陶瓷型的热稳定性好的涂层，实现高温高效集热。

万峰等[④]研制了新型的纳米材料作为传热工质，其中分散介质是乙二醇，分散相材料是碳纳米管。应用新型传热工质的真空管集热器，其光热转化效率可提高12%~15%。

Collet J.等[⑤]研究认为在表面积灰的情况下，集热管效率会降低40%，为此，可将集热

① 孙伟，王银峰，陈海军，等. 跟踪式CPC热管真空管太阳能集热器性能研究[J]. 热力发电，2013，11：21-30.
② 赵玉兰，张红，战栋栋，等. CPC热管式真空管集热器的集热效率研究[J]. 太阳能学报，2007，28（9）：1022-1025.
③ 李建昌，侯雪艳，王紫瑄，等. 真空管式太阳集热器研究最新进展[J]. 真空科学与技术学报，2012，10：943-950.
④ 万峰，夏青，姚文杰，等. 纳米材料对太阳能集热器的影响[J]. 陶瓷，2011，06：16-18.
⑤ Collet J., Bonnier M., Bouloussa O., et al. Electrical Properties of End-Group Functionalised Self-Assembled Monolayers[J]. Mieroelectronic Engineering, 1997, 36: 119-122.

管表面改性或者镀一层透明的高分子薄膜，利用其疏水除尘的自清洁功能解决。

Hussain Al-Madani[①] 设计了一种圆柱形太阳能真空集热管，可以不调整角度就能接收到较高的太阳辐射。集热管内部为一根外侧涂黑的螺旋状铜管，其间为真空，由橡胶法兰密封。

李勇等[②] 对一种新型内插式太阳能真空管空气集热器进行了研究，结果表明，在北京地区冬季工况下，该种空气集热器在稳定运行期间的平均集热效率可以达到65%左右，在冬季太阳辐射较弱、入口空气温度较低的情况下，日平均集热效率也能达到55%左右。杨青等[③] 研究了一种新型的直通式多根真空管空气集热器装置，包括直通式（两端开口）真空集热管和上下分集管，安装在南墙的外面，实现了太阳能供暖。王腾月等[④] 采用以微热管阵列为核心元件的真空管型空气集热器与新型相变空气蓄热器，设计搭建了以空气为传热介质的太阳能集热—蓄热系统。集热器采用微热管阵列与真空管结合的新形式，蓄热器以相变温度42℃的月桂酸为蓄热相变材料，测试了系统在不同空气流量下集热过程的集热效率。

1.1.1.2 金属平板式太阳能液体工质集热器

（1）集热器类型与特点

平板式太阳能集热器的构成包括以下几部分：透明盖板、吸热板、保温性能良好的保温层、具有一定强度和刚度的外壳（图1-7）。

透明盖板可以透过可见光，但是无法透过红外热射线，因此能够阻挡吸热体向周围环境散失热量，起到减少热损失的作用。盖板应具有高全光透过率、高耐冲击性能、良好的耐候性能、绝热性能和热加工性能，常见的材料有高强耐热玻璃、甲基丙烯酸甲酯板、玻璃钢板等。

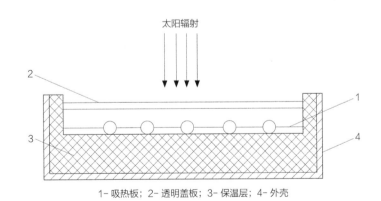

1- 吸热板；2- 透明盖板；3- 保温层；4- 外壳

图1-7 平板太阳能液体工质集热器的构成示意

① Hussain Al-Madani. The Performance of a Cylindrical Solar Water Heater[J]. Renewable Energy, 2006, 31：1751-1763.
② 李勇. 一种太阳能真空管空气集热器理论与实验研究 [D]. 北京：北京建筑大学, 2013.
③ 杨青, 郭伟, 于国清. 直通式真空管太阳能空气集热器的实验研究 [J]. 建筑节能, 2017（3）.
④ 王腾月, 刁彦华, 赵耀华, 等. 微热管阵列式太阳能空气集热—蓄热系统性能试验 [J]. 农业工程学报, 2017（18）：156-164.

吸热板是平板式集热器的重要构件，其作用是吸收太阳辐射转化为热量传递给工作介质（水或防冻液）。吸热板要求有一定的承压能力，与工作介质相容性好，热传递性能好，加工工艺简单，一般采用铜作材料，也可以采用不锈钢、钢、铝合金、镀锌板等材料。水质很差的地区也可以使用塑料。根据使用材料的不同，吸热板具有不同的生产工艺，形成了管板式、翼管式、扁盒式、蛇管式等不同的结构形式（图1-8）。不同的结构形式具有不同的连接方式和优缺点，见

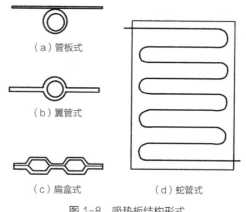

图 1-8　吸热板结构形式

表1-1[①]。为了提高吸热板吸收太阳辐射热的能力，同时降低热损失，减少对周围环境的热辐射，一般要在吸热板的表面涂刷一层选择性涂料。但是为了降低成本，在常年周围环境湿度高的地区也可以使用黑漆、黑镍、黑铬等材料。

不同类型集热板的连接方式与优缺点　　　　　　　表 1-1

	连接方式	优缺点
管板式	排管与平板以一定的结合方式连接构成吸热条带，然后再与上下集管焊接成吸热板	优点：结构简单，热效率高 缺点：焊点多，结合热阻大
翼管式	利用模子挤压拉伸工艺制成金属管两侧连有翼片的吸热条带，再与上下集管焊接成吸热板	优点：热效率高，无结合热阻，耐压能力强 缺点：易腐蚀，耗材多，工艺要求高，传热性差
扁盒式	两块金属板分别模压成型，然后再焊接成一体构成吸热板	优点：热效率高，无结合热阻，一次模压成型，易操作 缺点：焊接工艺难度大，承压性差，动态特性差，热容量大，易腐蚀
蛇管式	将金属管弯曲成蛇形，然后再与平板焊接构成吸热板	优点：集热管是一个整体，不容易出现泄漏；集热效率高；铜管不易被腐蚀，耐压能力强，机械化生产，易操作 缺点：弯曲的焊缝导致焊接难度大，串联的流体通道带来了较大的流动阻力

保温层能减少集热器的热散失，提高集热效率。常用的材料有聚苯乙烯、岩棉、聚氨酯等。

外壳将以上部件组合成了一个整体，起到美观、易安装的作用。常用的材料有彩色钢板、不锈钢板、铝板、塑料等。

我国最早使用的直接系统的平板集热器防冻性能差，维护复杂，使用受地域限制，市场占有率较低。国外的太阳能系统一般采用承压分体式，虽然初投资较高，但是运行稳定、水质不易污染、系统易维护、集热器与建筑一体化结合好，因此以金属平板式集热器为主。

<hr>

① 彭运吉. 平板型太阳能集热器的研究进展 [J]. 石油和化工节能，2012，02：6.

随着技术水平的提高，我国对于平板集热器进行了相应改造：采用回流排空，使用防冻液作传热介质，实现冬季防冻和夏季过热；采用全封闭系统，承压能力强，效率高、系统稳定；吸热面积大，与建筑造型结合好。目前，平板式集热器已经得到了大力推广。

（2）国内外研究现状

在透明盖板方面，段芮等[①]用固定在两层玻璃板间的气凝胶代替传统的透明盖板，可提高集热器效率，减少热损；丹麦 Sunarc 公司开发出一种全新的技术，可生产出对太阳光具有低反射率、高透过率的减反射玻璃，从其透过率曲线可以看出，该减反射玻璃对太阳光的平均透过率由超白玻璃的 91% 提高到了 96%。[②]郑宏飞等[③]对窄缝高真空平面玻璃作为太阳集热器盖板进行了实验研究，并与普通双层玻璃作为透明盖板的情况进行了比较，结果表明，真空玻璃的隔热保温性能明显优于普通双层玻璃，而且在较高的工作温度段运行时这种优势更为明显。

吸热板的技术方面，李芷昕等[④]进行了抗冻研究，提出异形管抗冻型集热器，当管内水冻结而体积增大时，椭圆管不会被破坏，其工作过程及冻结的机械行为、基础理论还有待深入研究；赵耀华等[⑤]将二维微通道阵列平板热管应用于平板太阳能热水器，其逐时最高效率为 87.82%，日平均效率高达 65.98%，且不受时域和地域限制，并具有成本低、抗冻、承压、紧凑、轻巧、不结垢等优点；裴刚等[⑥]研究了新型平板热管式太阳能集热技术，抗冻性能好，保温能力强，易于实现建筑一体化，但是热管冷凝段与水传热不充分；A.M.Ei-Sawi、A. S. Wifi 等[⑦]利用连续折叠技术在太阳能收集装置中制造了人字形花纹折叠结构，与平板式及 V 形槽式集热器的传热性能相比较，其传热性能提高了 20%，热水出口温度提高了 10℃。Alireza Hobbim、Kamran Siddiqui 等[⑧]将锥形脊、曲带、螺旋弹簧丝等强化传热装置加入平板集热器，研究证明，集热器中的热传递模型是混合对流并具有自由对流的优点。因为平板太阳能集热器中的热传递具有较高的传热效率，使被动强化传热方式并不能产生很好的效果。

集热器吸热体材料方面，在西方国家市场上，2010 年以后，铝约占 50%[⑨]，与铜近似。

① 段芮，朱群志. 气凝胶在平板太阳能集热器上的应用 [J]. 上海电力学院学报，2010，01：90-92.

② 谢光明. 丹麦减反射玻璃简介 [J]. 太阳能，2007，06：59.

③ 郑宏飞，吴裕远，郑德修. 窄缝高真空平面玻璃作为太阳能集热器盖板的实验研究 [J]. 太阳能学报，2001，07：270-273.

④ 李芷昕，杨坚，李淑兰. 平板太阳能集热器抗冻研究进展 [J]. 太阳能，2008，05：25-27.

⑤ 赵耀华，邹飞龙，刁彦华. 新型平板热管式太阳能集热技术 [J]. 工程热物理学报，2010，12：83-86.

⑥ 裴刚，杨金伟，张涛，等. 一种热管平板太阳能集热装置的性能研究 [J]. 热科学与技术，2011，02：48-51.

⑦ El-Sawi A M，Wifi A S，Younan M Y，et al. Application of folded sheet metal in flat bed solar air collectors[J]. Applied Thermal Engineering，2010，30：864-871.

⑧ Hobbim A，Siddiqui K. Experimental study on the effect of heat transfer enhancement devices in flat-plate solar collectors[J]. International Journal of Heat and Mass Transfer，2009，52：4650-4658.

⑨ G. Martinopoulos，G. Tsilingiridis，N. Kyriakis. Identification of the environmental impact from the use of different materials in domestic solar hot water systems[J]. Applied Energy，2013，02（102）：545-555.

另外，巴西开发有聚丙烯吸热体[①]。

保温层方面，部分厂家尝试将酚醛双效保温板等保温材料与集热器结合，减少热损失。

1.1.2 太阳能空气集热器

太阳能空气集热器用空气作传热载体，将太阳辐射转化为热能，提供热风实现农作物干燥或建筑物采暖作用。

空气集热器相对于液体工质的集热器来说，具有不结冰、承压小、基本无锈蚀等优点，因此冬季抗冻，可采用较薄的材料制造，维护简单，而且产生的热空气可以直接提供使用，不需要换热设备。但是因为空气的导热率只有水的1/25～1/20，比热容约为水的1/4，因此空气集热器的效率比液体工质集热器低，蓄能差。

1.1.2.1 玻璃真空管式太阳能空气集热器

（1）集热器类型与特点

该类型集热器单元真空管并联在内外集管上，内管为热风管，外管为冷风管。空气从外管一端流入，通过各真空集热管细管进行加热，再经细管流到内集热管，最后由内管的另一侧流出（图1-9）。[②]其中内集热管采用玻璃管或金属管均可。该类型集热器保温性能较好，因此集热效率比平板式集热器高。

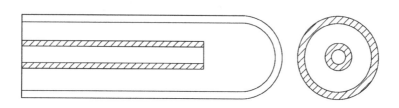

图1-9 玻璃真空管式太阳能空气集热器结构

（2）国内外研究现状

袁颖利[③]建立了内插管式真空管空气集热器管内空气流动与换热的三维瞬态模型，对不同工况下集热器的主要性能参数及内插管与真空管吸热体表面的温度分布进行预测，同时对横双排内插式真空管空气集热器进行实验研究。该集热器春、夏季在30～80℃的集热温度范围内，集热效率在50%～70%之间，热损系数集中在2～6W/（m²·K）的范围内。

① 葛晓敏，殷骏. 各有奇招——世界平板太阳能集热器制造技术纵览（上）[J]. 太阳能，2011，14：52-54.

② 张璧光，刘志军，谢拥群. 太阳能干燥技术 [M]. 北京：化学工业出版社，2007：66.

③ 袁颖利，李勇，代彦军，等. 内插式太阳能真空管空气集热器性能分析 [J]. 太阳能学报，2010，6：703-707.

　　王志峰等[①]采用三维数学及物理模型对插管换热系统的流动与换热情况进行了数值模拟和实验研究，得出了插管长度对管内流场的影响：1135mm长的插管能够获得较为理想的管底换热，如果插管过短，则会影响管底换热。

　　陆琳等[②]设计了一种简化的CPC真空管太阳能高温空气集热系统，该系统由多个集热单元组成，每个集热单元包括一个简化CPC集热板、一根全真空玻璃集热管、一个U形铜管，流动空气在各级U形铜管内被逐级加热。通过建立传热模型，进行了理论分析和数值模拟，并实现了实验验证。计算研究表明：系统空气最大出口温度可达到200℃，系统平均集热效率达到0.3以上。当系统工质流量增加时，只要系统增加更多的集热管以增加系统总功率即可满足工质温度达到200℃的设计要求。出于造价方面的考虑，该系统存在最佳出口温度和最佳集热单元数目。

　　Chr. Lamnatou等[③]研究了玻璃真空管集热器作为农作物干燥器的性能。

1.1.2.2　金属平板式太阳能空气集热器

（1）集热器类型与特点

　　在太阳能空气集热器中，平板式集热器是一种主要的类型。平板式空气集热器又可以分为非渗透型与渗透型两大类。

　　非渗透型空气集热器中，空气流不能穿过吸热板，只在吸热板的一侧流动，并与吸热板进行热交换。吸热板的构造形式有无翅片、有翅片、V形波纹板（图1-10）或其他形状的波纹板等。该类型集热器结构简单，造价低，但是热效率不高。

　　渗透型空气集热器中的吸热体有多种设计，可采用多层重叠的金属丝网、多孔金属网板、重叠玻璃板、碎玻璃多孔床、玻璃或塑料制的蜂窝结构等。太阳辐射可以深入到多孔吸热板中，提高吸热板的太阳能吸收比，而且小孔增加了吸热板和空气流之间的接触面积，可进行更有效的传热。[④]图1-11为蜂窝结构渗透型集热器，图1-12为无盖板的多孔金属板式渗透型集热器。

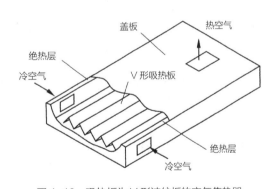

图1-10　吸热板为V形波纹板的空气集热器

①　王志峰，Sun Hongwei. 全玻璃真空管空气集热器管内流动与换热的数值模拟[J]. 太阳能学报，2001，01：35-39.

②　陆琳，陈秀娟，何志兵，等. 简化CPC式全真空玻璃集热管太阳能高温空气集热器的传热模型研究[J]. 热科学与技术，2012，11（2）：118-124.

③　Chr. Lamnatou, E. Papanicolaou, V. Belessiotis, et al. Experimental investigation and thermodynamic performance analysis of a solar dryer using an evacuated-tube air collector[J]. Applied Energy, 2012, 06（94）：232-243.

④　郑瑞澄，路宾，李忠，等. 太阳能供热采暖工程应用技术手册[M]. 北京：中国建筑工业出版社，2012：78.

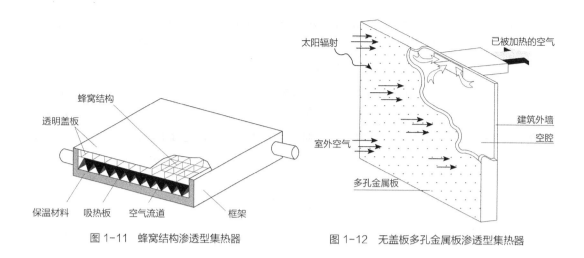

图 1-11 蜂窝结构渗透型集热器　　　　　图 1-12 无盖板多孔金属板渗透型集热器

（2）国内外研究现状

王崇杰等[①]根据吸热板放置方向不同和是否结合热管设计了三种不同的渗透型太阳能集热器，进行了数学分析和 CFD 数值模拟，并制作了实验模型，开展了静态实验和动态实验。研究结果表明：渗透型太阳能集热器采用的是主动式运行的方式，利用风机，合理设定空气流速，能够有效提高集热器的效率；另外，热管可以强化换热，能起到积极作用；CFD 模拟技术可以应用在空气集热器的设计中，进行理论分析和判断。高林朝等[②]研究了多孔体太阳能集热器的不同孔径集热板形式和空气循环流动方式对建筑供暖系统热性能及其室内热环境的影响。李宪莉等[③]研究了冲缝吸热板渗透型太阳能空气集热器的热性能。邓月超等[④]用数值模拟的方法研究了平板太阳能集热器封闭空气夹层内的自然对流换热。郝庆英等[⑤]研制了可翻转式太阳能空气集热器，吸热板由若干叶片组成，夏季涂有热反射涂层的一面对外，起到隔热降温的作用，冬季涂有热吸收层的一面对外，并通过叶片的转动跟踪太阳，起到集热供暖、提高集热效率的作用。吴国玉等[⑥]研究了整体式太阳能空气集热器的传热性能，利用 CFD 软件计算，分析了空气温度、进口空气流速及太阳辐照强度对集热器热性能的影响，建立了稳态假设下的热量传递物理、数学模型，研究阐明了集热器的集热效率随进口温度的升高而下降、

① 王崇杰，管振忠，薛一冰，等. 渗透型太阳能空气集热器集热效率研究 [J]. 太阳能学报，2008，29（1）：36-39.

② 高林朝，沈胜强，郝庆英，等. 多孔体太阳空气集热供暖系统热性能实验研究 [J]. 太阳能，2012，08：167-172.

③ 李宪莉，任绳凤，林国真，等. 冲缝吸热板渗透型太阳能空气集热器性能研究 [J]. 煤气与热力，2012，04：29-33.

④ 邓月超，赵耀华，全贞花，等. 平板太阳能集热器空气夹层内自然对流换热的数值模拟 [J]. 建筑科学，2012，10：84-87.

⑤ 郝庆英，高震，董立艳，等. 多功能太阳能采暖集热器研究 [J]. 节能技术，2010，28（162）：360-363.

⑥ 吴国玉，胡明辅，袁江，等. 整体式太阳能空气集热器传热性能分析 [J]. 节能技术，2012，30（174）：366-369.

随工质流速的增大而增大，受太阳辐射强度的影响不大。张欢等[①]将冲缝式集热板倾斜放置于空气集热器内，通过建立数学模型和实验测试，确定了集热器集热效率可达 65.9%。夏佰林等[②]对一种具有蛇形扰流板的太阳能平板空气集热器的集热性能进行研究，揭示了总热损失系数、扰流板肋片效率、流道内空气流速和扰流板的间距对效率因子和热迁移因子的影响机理，获得了该类型集热器集热效率理论表达式，研究表明，其集热效率可达 0.55。

Yeh Ho-Ming 等[③]研究发现在集热器中增加空气回流流道能有效提高集热器的热性能与空气出口温度。Deniz Alta 等[④]研究了平板金属集热器中三种不同形状吸热体的集热效率；Ucar 等[⑤]实验研究了集热器中不同的吸热板形状和布置方式，通过改变集热板的形状，增加了流道内的湍流，加强了换热效果，集热效率可提高约 30%。A. M. El-Sawi 等[⑥]将空气集热器中的金属吸热体进行了连续折叠处理，比较了 V 形槽板和人字形板的热性能，实验表明，人字形吸热板的效率最高，集热效率可增加 20%，出口温度增加 10℃。Donggen Peng 等[⑦]在空气集热器中设置钉状翅片，以此提高集热效率。通过实验，当玻璃盖板的透过率为 0.83 时，所研究的 25 种钉状翅片集热器的平均集热效率为 50%～74%。J. K. Tonui 等[⑧]研究了设置在光伏电板后带有翅片的空气通道形成的空气集热器，通过空气流动为光伏电板降温、提高发电效率，同时提供预热空气。

Omid Nematollahi 等[⑨]在金属吸热板的下部设置了 V 形空气流道，当空气流速分别为 2.8m/s 和 3.2m/s 时，双效集热系统的集热效率分别为 71.6% 与 72.3%，比单效系统效率高出 3%～5%。

朱婷婷等[⑩]使用平板微热管阵列技术与高效吸热膜相结合，研发了一种新型微热管阵列

---

① 张欢，高煜，由世俊. 一种新型渗透式太阳能空气集热器的热性能研究 [J]. 天津大学学报，2012，07：591-598.

② 夏佰林，赵东亮，代彦军，等. 扰流板型太阳平板空气集热器集热性能 [J]. 上海交通大学学报，2011，45（6）：870-874.

③ Yeh Ho-Ming, Ho Chii-Dong. Effect of external recycle on the performances of flat-plate solar air heaters with internal fins attached[J]. Renewable Energy, 2009, 34（9）: 1340-1347.

④ Deniz Alta, Emin Bilgili, C. Ertekin, et al. Experimental investigation of three different solar air heaters: Energy and exergy analyses[J]. Applied Energy, 2010, 87（10）: 2953-2973.

⑤ Ucar A, Ina11iM. Thermal and energy analysis of solar air collectors with passive augmentation techniques[J]. International Communications in Heat and Mass Transfer, 2006, 33（10）: 1281-1290.

⑥ A.M. El-Sawi, A.S. Wifi, M.Y. Younan, et al. Application of folded sheet metal in flat bed solar air collectors[J]. Applied Thermal Engineering, 2010, 30（8/9）: 864-871.

⑦ Donggen Peng, Xiaosong Zhang, Hua Dong, et al. Performance study of a novel solar air collector[J]. Applied Thermal Engineering, 2010, 30（16）: 2594-2601.

⑧ J.K. Tonui, Y. Tripanagnostopoulos. Improved PV/T solar collectors with heat extraction by forced or natural air circulation[J]. Renewable Energy Renewable Energy, 2007, 32（4）: 623-637.

⑨ Nematollahi O, Alamdari P, Assari M R. Experimental investigation of a dual purpose solar heating system[J]. Energy Conversion & Management, 2014, 78（78）: 359-366.

⑩ 朱婷婷，刁彦华，赵耀华，等. 基于平板微热管阵列的新型太阳能空气集热器热性能及阻力特性研究 [J]. 太阳能学报，2015, 36(4): 963-970.

平板式太阳能空气集热器。经过研究发现，此类型平板型集热器不仅有着稳定的热性能，还易与建筑物相结合。

梁春华等 [1] 对平板太阳能集热器与建筑物屋顶一体化设计进行研究，计算出了最佳的屋顶倾角以便更好地接收太阳辐射，进而又对不同结构形式的屋顶进行集热器安装结构的比较，并且选取不同纬度的城市，分析了每种屋顶可以布置集热器的面积等参数。马进伟等 [2] 将太阳能空气—水双金属平板式集热器与具有蓄热特性的建筑南墙结合，通过墙体蓄热辐射提供室内采暖。M. S. Buker 等 [3] 研究了太阳能集热器与建筑集成应用，并对太阳能集热系统的热性能评价标准进行了探讨。

1.2 钒钛黑瓷太阳能集热器的发展和现状

1.2.1 钒钛黑瓷太阳能集热器的文献研究

1.2.1.1 国外研究现状

陶瓷太阳能集热器的研究最早是在美国产生的，即采用黑色的陶瓷作为集热芯板或在普通陶瓷表面喷涂黑色釉，再在高温下烧结。[4] 然而，国外学者针对钒钛黑瓷太阳能集热技术的研究较少，一般仅针对普通陶瓷基体集热器或由中国研发的钒钛黑瓷集热器原型进行研究。

1980 年，Michael A. Davis 申请美国发明专利"一种陶瓷太阳能集热器"（Ceramic solar collector），给出了一种以陶瓷为原材料的平板式太阳能双效（液体工质或气体工质）集热器的具体做法。[5] 在图 1-13 中，集热模块 12 与 12′ 为体形相对应的公、母型，均包含有可吸收太阳辐射能的模块外壳 14 与 14′ 及设有流道的开口 15。为了使模块间的流道对接，公型模块流道 17 凸出主体外壳，而母型模块的流道 16 则有所凹进。上下水管 20 通过水管模块 13 以母型构件 18 及公型构件 19 与集热模块对接。上下水管对侧需安装末端件 22。

1989 年，沙特阿拉伯学者 Ali A. Badran 介绍了其对于一种全新的陶瓷制品——细流式陶瓷太阳能平板集热器的探究。[6] 最初选择陶瓷作为集热体的主要原因是其造价较低，适宜在发展中国家本地制造并应用。这种倾斜放置的平板型集热器以陶瓷作为吸热表面，加热自上而下流动的水流（图 1-14）。研究还对比测试了原色陶瓷集热器、黑色陶瓷集热器（未提及黑色涂层

---

① 梁春华，吴永明，曾玲. 平板太阳能集热器与建筑物屋顶的一体化结构设计 [J]. 建筑节能，2015（8）：25-28.

② 马进伟，方廷勇，陈茜茜. 太阳能双功能集热器被动采暖模式的理论模拟和实验验证 [J]. 安徽建筑大学学报，2017，25（03）：26-30.

③ Buker M S, Riffat S B, Kazmerski L. Building integrated solar thermal collectors – A review[J]. Renewable & Sustainable Energy Reviews, 2015, 51(C): 327-346.

④ 毛凌波. 直接吸收式太阳能集热系统研究综述 [J]. 材料导报，2007，21（12）：12-15.

⑤ Micheal A. Davis. Ceramic solar collector: United States of America, 4222373[P]. 1980-09-16.

⑥ Ali A. Badran. The water-trickle ceramic solar collector[J]. Solar & Wind Technology, 1989, 6(5): 517-522.

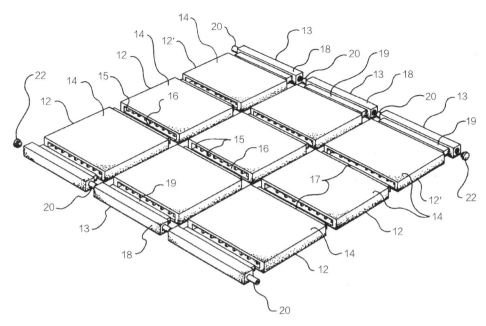

图 1-13　陶瓷太阳能集热模块分解透视

如何制备）与当时的传统平板集热器（钢板上放置细水管）的集热效果。结果表明，陶瓷集热装置的性能与理论值基本相当，即比传统平板集热器要高 5%～17%，其中黑色表面比原色表面的陶瓷集热器效果更佳。然而，此集热器仅为表面黑色的普通陶瓷集热器，并非钒钛黑瓷集热器。

1982 年，A. E. Ankeny 向美国提交了有关以陶瓷材料进行太阳能集热的研究报告[1]。该研究选取了涂有 35 种不同涂层的不同陶瓷瓦片，共 56 块以及涂有黑色涂层的铜管集热器进行对比实验。研究结果表明，如果能够降低陶瓷导热系数低带来的弊端，这种材料是适宜用以进行太阳能集热的。

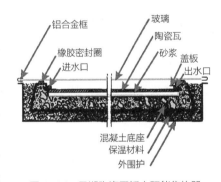

图 1-14　早期陶瓷平板太阳能集热器

2017 年，首次有外国学者针对钒钛黑瓷太阳能集热器进行研究。波兰的 Miroslaw Zukowski 等[2]通过夏季在标准状态下进行的实验研究，测试得到钒钛黑瓷太阳能集热器中流体的温升最大值未超过 7.5℃；但在 1000W/m² 的辐照条件下，钒钛黑瓷太阳能集热器的效率达到 65%，且瞬时效率截距为 0.8332。所以，虽然钒钛黑瓷太阳能集热器存在一些劣势，但可以在市场中与现有传统太阳能板相竞争。

[1] Ankeny A. E. Ceramic materials for solar collectors[R]. U. S. Department of Energy Office of Scientific and Technical Information. 1982-09-29.

[2] Miroslaw Zukowski, Grzegorz Woroniak. Experimental testing of ceramic solar collectors[J]. Solar Energy, 2017, 146: 532–542.

1.2.1.2　国内研究现状

20 世纪 70 年代，第五机械工业部的一位工程师进行了以黑色的陶瓷制造集热器的研究。虽然由于投资高、水阻大及热容大等原因，该研究未能持续进行[①]，但此次实践却为我国陶瓷太阳能集热器的开发拉开了帷幕。

国内学者针对钒钛黑瓷太阳能集热技术的研究的正式起点可以认为是 1985 年曹树梁发明的以提钒尾渣制造钒钛黑瓷的工艺。由于采用工业废弃物作原料，该生产工艺成本低廉，且绿色可持续。以钒钛黑瓷作为集热涂层，多孔立体网状的涂层结构形成"阳光陷阱"（图 1-15），使光线在板的表面反复折射，其阳光吸收比达 0.94，且几乎不随时间衰减，可与建筑同寿命。[②]

1987 年，徐淑常在国际范围内首次提出了钒钛黑瓷太阳板和太阳瓦的概念与陶瓷太阳能集热工程雏形。[③] 然此论文篇幅很小，所提出的想法亦仅停留在概念阶段。

1990 年，刘鉴民与山东省科学院新材料研究所及山东省淄博卫生陶瓷厂合作研究了中国自主产权的黑色陶瓷平板太阳能集热器。[④] 这种集热器的核心技术之一为曹树梁发明的钒钛黑瓷制造工艺。刘鉴民的论文率先介绍了该集热器的原理与性能，并测试出其日平均效率为 46.1%。至此，中国对陶瓷集热装置，特别是陶瓷平板集热器的研究达到了世界领先水平。

2006 年，曹树梁团队发明了以普通陶瓷为基体成型，经干燥后以多孔钒钛黑瓷喷黑并烧制而成的钒钛黑瓷太阳能集热器。该集热板的生产方法简单[⑤]（图 1-16），平面形状多为正方形，规格多样（表 1-2）。目前市场售价约为 180 元/m²，大规模生产成本仅为 50 元/m²。这种集热板平面形状为方形，薄壁且有中空流道，强度较高、耐高温、不腐蚀、不老化、不褪色、不结垢。板的重量为 20kg/m²，容水量为 8.5kg/m²。

图 1-15　多孔立体网状表面结构

图 1-16　钒钛黑瓷集热板生产线

① 陈贤伟，范新晖，周子松. 陶瓷板太阳能集热器发展现状及研究 [J]. 佛山陶瓷. 2014（2）：1-4，18.

② Jianhua Xu, Xinen Zhang, Yuguo Yang, et al.　A Perspective of All-Ceramic Solar Collectors[J]. Energy & Environment Focus. 2016, 5(3): 157-162.

③ 徐淑常. 钒钛黑瓷太阳板、太阳瓦 [J]. 建筑工人，1987（12）：49.

④ 刘鉴民. 新型黑色陶瓷太阳能平板集热器的热性能分析 [J]. 甘肃科学学报，1990（4）：12-18.

⑤ 山东天虹弧板有限公司. 复合陶瓷太阳板：中国，ZL200910007128.X[P]. 2010-10-27.

部分钒钛黑瓷太阳能集热板规格 表1-2

边长（mm）	外观	边长（mm）	外观
300		715	
600		715	
700		800	
710		1000	

2013 年，任川山[1] 介绍了钒钛黑瓷太阳能集热器在北京通州区于家务镇示范项目的应用情况，并通过实践得出了大型集中钒钛黑瓷集热系统运行的一些规律，具体包括：①在钒钛黑瓷集热系统其他设置相同的情况下，采用直流工况总会比换热工况获得更多的热水；②无论采用何种工况，在确保安全的条件下，热水的水温宜为 50~60℃；③钒钛黑瓷集热板在北方地区使用时，如不能在夜间排空，则需采用换热工况，防止板体冻坏；④在大中型集中系统中，不宜采用直流工况，且其夏季日均有效产热水量约为 50L/m²，集热效率可以达到 50%~60%；⑤如果必须采用换热工况，则钒钛黑瓷集热板需要采用竖排的连接方式，以便排除板内窝存的空气；⑥若采用横排连接的系统供水流量偏小，则在高温时可能出现系统温度不均，导致部分集热板损坏；⑦推荐采用分时段系统控制，即在一天内根据太阳辐照量的不同变更循环系统启停温度设置。

2014 年，马瑞华等介绍了攀枝花的某一游泳馆项目的热水系统。[2] 该项目通过钒钛黑瓷太阳板集热，并利用空气源热泵辅助加热，保障了游泳馆的热水需求。实践表明，钒钛黑瓷太阳能集热系统的效率在 57% 左右。针对攀枝花地区，当日太阳辐照量高于 21.56MJ/m² 时，仅运行钒钛黑瓷太阳能集热循环系统即可满足游泳馆热负荷的要求，而不需要开启空气源热泵机组。此外，马瑞华等还为改善原有钛白废酸处理过程中存在的蒸发管道易堵塞、设备的稳定性差、系统的能耗高等问题，利用钒钛黑瓷太阳能集热板扩大了介质的流动空间，减少

① 任川山. 陶瓷太阳板集热器集热性能分析 [D]. 邯郸：河北工程大学，2013：60.
② 马瑞华，马瑞江. 钒钛黑瓷太阳能辅助空气源热泵用于游泳池工程 [J]. 中国给水排水，2014(16): 53-57.

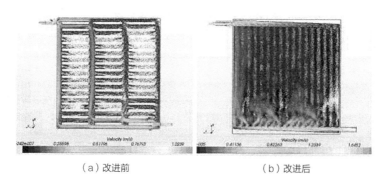

（a）改进前   （b）改进后

图 1-17　热传导能力模拟

了结垢，增加了设备的稳定性，减小了系统的能耗，并通过辅助加热设施使废酸的浓度得以提高，实现了废酸高效循环回用。[①]

2015 年，广东技术师范学院天河学院的 Guang Zhou 等[②] 提出，现有钒钛黑瓷太阳能产品的热传导能力仍然相对较弱，优化导热介质流动路径与集热器结构可以大幅度对其进行改善。该论文利用数值模拟改进了陶瓷太阳能集热板的结构，在理论上提高了其热传导能力（图 1-17）。

同年，李伟国从材料物理与化学的角度阐述了利用钒钛尾渣制备黑瓷的工艺及其在太阳能集热领域的应用。[③] 研究表明，钒钛黑瓷太阳能集热器集热效果的影响因素主要有玻璃透光率、玻璃与集热板间的距离、集热器保温措施等。当黑瓷管升温速度大于 5.97℃/min 时，集热管易发生破裂或弯曲；考虑到节能，集热管升温速度应选择在 4.48～5.97℃/min 之间。当复合陶瓷管升温速度大于 6.33℃/min 时，集热管易发生破裂或弯曲；考虑到节能，集热管升温速度应选择在 3.8～4.75℃/min 之间。对黑瓷集热管、复合陶瓷集热管进行简单组装，在攀枝花的冬天和夏天分别进行集热试验。结果显示，两种类型的集热管内所装的水在夏天最高温度能够超过 60℃，冬天最高温度能够达到 40℃以上。

2016 年，山东省科学院新材料研究所研发出了一种斜边釉里的新型集热板。这种集热板的下边不再是水平的，而是倾斜的（图 1-18a），从而可在保证下水口位置最低的前提下，提高施工速度与质量。其上下水口在对角线上，根据下水口位置分为左型与右型两种。上水口侧边长为 690mm，下水口侧边长为 710mm；上下水口的直径均为 25mm，长度为 25mm。在剖面上，斜边釉里集热板增加了板体流道内部的釉层（图 1-18b），进一步降低了工质流动阻力，减少了结垢的可能性。[④]

① 马瑞华，刘谦蜀. 钒钛黑瓷太阳能应用于钛白废酸浓缩回用工程 [J]. 给水排水，2014，（4）：58-61.

② Guang Zhou, Yongman Lin, Chunhua Liu. Study on the Heat Transfer Mechanism of Ceramic Solar Collector[J]. Advanced Materials Research, 2015, 1070-1072: 39-43.

③ 李国伟. 利用钒钛尾渣制备黑瓷及其太阳能集热应用 [D]. 成都：西华大学，2015: 62.

④ 山东省科学院新材料研究所. 新型陶瓷太阳板及其安装 [EB]. 2016-08-30.

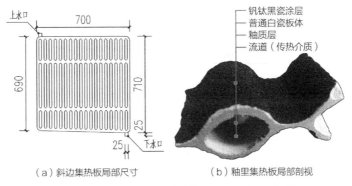

（a）斜边集热板局部尺寸　　　　（b）釉里集热板局部剖视

图 1-18　斜边釉里钒钛黑瓷集热板平面尺寸及局部剖视

同年，马兰等[1]将钒钛黑瓷集热技术与温差发电技术相结合，设计了一组家用的热电装置，并测试了该装置的加热和发电性能。研究表明，该热电装置可以将 64L 的水加热到 45 ~ 75℃，冷热端温差为 20 ~ 45℃，可产生电流为 10.1 ~ 1994μA，电压为 45.2 ~ 2105mV。

1.2.2　钒钛黑瓷太阳能集热器的案例研究

笔者对目前已有的钒钛黑瓷太阳能集热建筑应用项目进行了专家、用户访谈及文献查阅，其中部分项目的信息如表 1-3 所示。由于口述及文献资料不完整，笔者又对其中的一些项目（表 1-3 中灰色底纹部分）进行了实地调研，本小节将针对调研情况作出总结。

部分钒钛黑瓷太阳能集热技术应用项目信息[2]　　　　表 1-3

	地点	北纬（°）	建筑面积[3]（m²）	围护结构	集热面积（m²）	安装方式	用能末端	辅助热源
北京	北京市住建委陶瓷太阳能示范项目	39.90	—	—	2.58	阳台栏板	生活热水	—
	阜成路八号院 38、39 号楼	39.92	—	—	2.52	阳台栏板	生活热水	电
	燕保·龙泉家园	39.96	—	—	1.92	阳台栏板	生活热水	电
	阳坊镇西贯市村回民幼儿园	40.14	1180	砖墙、80mm XPS 外保温	316.8	坡顶整体	地板辐射 + 生活热水	电

[1] 马兰，谢志军. 钒钛黑瓷太阳能家用热电装置设计及热点效能测试 [J]. 教育教学论坛，2016（23）：100-101.

[2] 资料来源于参考文献及山东省科学院新材料研究所、青海万通新能源技术开发股份有限公司等单位，部分资料不完整。

[3] 若项目包括多户农宅，以单户典型户型面积计。

续表

地点		北纬（°）	建筑面积（m²）	围护结构	集热面积（m²）	安装方式	用能末端	辅助热源
山东	济南现代都市农业精品园废弃物综合利用工程	36.59	—	—	30	坡顶整体	沼气加热	无
	济南现代都市农业精品园蔬菜大棚	36.59	—	—	—	平顶支架	生活热水	—
	济南西营镇	36.51	187.05	370mm 砖墙	45	坡顶整体	—	—
	淄博农业科学研究院蔬菜大棚	36.80	—	塑料	—	墙面整体	—	—
	菏泽巨野县核桃园镇吴平坊村农宅	35.27	238	240mm 砖墙、胶粉聚苯颗粒保温	52	坡顶整体	地板辐射 + 散热器	无
河北	唐山滦县滦州镇范庄村崔宅	39.72	200	EPS 模块	100	坡顶整体	地板辐射	电
	唐山丰南区葛孟庄村农宅	39.48	118	370mm 砖墙	—	平顶支架	地板辐射	电
	沧州任丘市出岸镇西古贤村农宅	38.66	136	370mm 砖墙	—	平顶支架	地板辐射	燃煤
山西	太原晋源农宅	37.72	82.61	—	18.2	坡顶整体	地板辐射	电
	大同 SunBloc	40.10	—	EPS 三维模块	—	地面平铺	生活热水	电
吉林	长春工程学院	43.86	—	—	—	屋顶	—	—
宁夏	银川灵武市宁东镇永利新村	38.17	157	65% 节能	—	坡顶支架	地板辐射	天然气
西藏	日喀则桑珠孜区国家援藏牧民定居点	29.27	70	240mm 砖墙	—	平顶支架	散热器	无
	那曲班戈县蔬菜大棚	—	—	塑料	—	坡顶整体	—	—
青海	西宁大通县青林乡雪里河村	37.10	135	砖墙、炉灰保温	35	坡顶整体	地板辐射	电
	西宁湟中县李家山镇蔬菜大棚	36.80	—	塑料	—	地面支架	地面辐射	—
	海南自治州贵德县拉西瓦镇农宅	36.08	30	—	16	—	热风采暖	燃煤
	海南自治州四方热力有限公司	36.28	—	—	2000	平顶支架	锅炉预热	无
新疆	乌鲁木齐达坂城中学	43.37	—	—	—	地面支架	—	—
安徽	马鞍山和县历阳镇七桥村农宅	31.62	186	240mm 砖墙	—	坡顶整体	地板辐射	电

续表

	地点	北纬 (°)	建筑面积 (m²)	围护结构	集热面积(m²)	安装方式	用能 末端	辅助 热源
四川	攀枝花学院游泳馆	26.57	—	—	1500	屋面	生活热水	空气源 热泵
福建	泉州晋江磁灶镇洋尾工业区华泰集团有限公司	24.78	—	—	26.34	坡顶整体	—	无
广东	佛山华盛昌陶瓷有限公司	23.02	—	—	24.01	坡顶整体	—	—
云南	红河自治州	23.36	—	—	—	—	—	—

1.2.2.1　大同 SunBloc

　　SunBloc（图 1-19）是由伦敦都市大学（London Metropolitan University）及广州美术学院组成的赛队 Team Heliomet 在于大同举行的 2013 年中国国际太阳能十项全能竞赛（Solar Decathlon China 2013）的决赛中呈现的作品。经过参数化设计，该建筑主体由手工分割的三维 EPS 模块构筑而成。[①] 该建筑的一大特色为廉价，采用十余块平铺于地面的钒钛黑瓷太阳能集热器为生活热水提供热量。[②]

（a）建筑　　　　　　　　　　　　　　　　（b）集热器

图 1-19　大同 SunBloc 实景

1.2.2.2　菏泽巨野县核桃园镇吴平坊村

　　菏泽巨野县核桃园镇吴平坊村的钒钛黑瓷太阳能集热系统应用项目包括 27 户农宅及 1 栋公共建筑（图 1-20）。建筑采用砖混结构，安装普通门窗。户均建筑面积为 238m²，户均集热面积为 52m²，坡屋面倾角为 23°。每户设 1.5～2.0t 的水箱（图 1-21a），无辅助加热设

（a）施工中的农宅　　　　　　　　　　（b）已完工的公共建筑

图 1-20　菏泽巨野县核桃园镇吴平坊村实景

（a）保温水箱　　　　　　　　　　（b）散热器

图 1-21　菏泽巨野县核桃园镇吴平坊村农宅室内实景

施，根据农户需求采用低温热水地板辐射及散热器（图 1-21b）两种供热末端。冬季运行期间，农宅室内温度基本保持在 12～18℃，平均在 14℃左右。[①] 系统运行彻底改变了当地无采暖或靠燃煤炉采暖的状况。

1.2.2.3　济南现代都市农业精品园

在济南现代都市农业精品园中，共有两个钒钛黑瓷太阳能集热系统应用项目，分别为蔬菜废弃物综合利用工程及蔬菜大棚太阳能热水工程（图 1-22）。其中，蔬菜废弃物综合利用沼气工程是首个利用钒钛黑瓷集热器为沼气发酵罐增温的工程。工程总容积为 210m³，年可处理各类蔬菜废弃物 300t 以上，年产沼气 9000m³、沼肥 280t。该工程在有效消化处理园区内厕所粪污的基础上，利用其顶部 30m² 的钒钛黑瓷太阳能集热板为沼气发酵罐体增温，实

[①] 山东省巨野县核桃园镇吴平坊村. 用户使用报告 [R]. 2015.

（a）蔬菜废弃物综合利用示范工程　　　　　（b）蔬菜大棚太阳能热水工程

图 1-22　济南现代都市农业精品园实景

（a）建筑整体　　　　　　　　　　（b）集热器局部

图 1-23　北京阜成路八号院 38、39 号楼实景

现了沼气在寒冷季节的持续制备，提高了废弃物的厌氧消化效率和产气量[1][2]。供应蔬菜大棚中生活热水的太阳能集热器以金属支架的形式，安装于大棚旁的平屋面上，并于室外设水箱。其安装方式简单，未与建筑一体化设计与施工，且疏于维护，玻璃盖板积灰较严重。

1.2.2.4　北京阜成路八号院

北京阜成路八号院太阳能生活热水项目（图 1-23）为少有的钒钛黑瓷太阳能集热系统城市建筑应用项目之一，为系统在高层建筑中的应用做出了示范。在该院的 38、39 号住宅楼中，共有 429 户安装了这种分户集热、分户储热的太阳能热利用系统。集热器的安装方式为

① 马思聪. 与新型农村绿色建筑一体化的供能系统性能研究 [D]. 兰州：兰州理工大学，2014：2.
② 李金平，马思聪，刁荣丹，等. 新型农村绿色建筑的构建与能耗分析 [J]. 中国沼气，2012，30（6）：28-32.

阳台栏板式，每户包含 5 块边长为 710mm 的钒钛黑瓷集热板，其尺寸为 3710mm×850mm，集热面积为 2.52m²。系统配置 120L 水箱[①]，固定于邻近集热器的阳台侧墙上。

这套钒钛黑瓷太阳能集热器具有阳台栏板的作用，内部设有竖向金属支撑以保证安全，且其内部有保温层，边框为断桥结构，可以保证建筑物外围护结构的传热性能。需维修时，从阳台内侧对其进行分层维修即可，不需要从建筑物外立面对其进行维修，从而保证了维修人员的人身安全及外立面的不损坏。用户可随时清理阳台集热器外玻璃上的尘土。此外，该系统采用了钢化布纹玻璃，缓解了光污染的问题（图 1-24）。

1.2.2.5 北京燕保·龙泉家园

北京燕保·龙泉家园也是钒钛黑瓷太阳能集热系统的城市高层建筑应用项目之一，但社区居民经济水平低于阜成路八号院。共有 320 户安装了这种分户集热、分户储热的太阳能热利用系统，以加热部分生活热水。集热器的安装方式为阳台栏板模块式，每户包含 3 块钒钛黑瓷集热器，模块尺寸为 2560mm×950mm，集热面积为 1.92m²。系统配置 100L 的水箱，固定于邻近集热器的阳台侧墙上（图 1-25）。

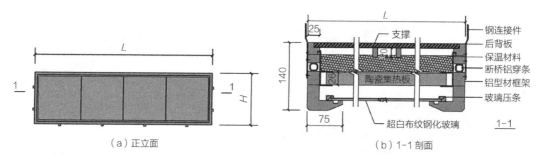

（a）正立面　　　　　　　　　　　（b）1-1 剖面

图 1-24　阳台栏板陶瓷集热器详图

（a）建筑整体　　　　　　　　　　　（b）集热器局部

图 1-25　北京燕保·龙泉家园实景

---

① 北京首建标工程技术开发中心. 建筑一体化阳台栏板陶瓷太阳能热水系统 [S]. 北京市城乡规划标准化办公室，北京工程建设标准化协会. 2011: 3-4, 10.

1.2.2.6 北京阳坊镇西贯市村回民幼儿园

北京阳坊镇西贯市村回民幼儿园（图 1-26）的朝向为正南北向，平面布置为典型的中廊式。建筑采用砖混结构，外墙外侧做 80mm 厚的 XPS 保温层，安装双层玻璃窗。项目采用一体化安装于坡屋顶的钒钛黑瓷集热系统，主要为建筑提供冬季采暖，同时提供四季的生活热水。该幼儿园所在地的地理纬度为北纬 40.15°，权衡考虑建筑使用性能后，选择屋面倾角即集热器安装倾角为 25°。该太阳能系统的类型为直接式温差强制循环

图 1-26　北京阳坊镇西贯市村回民幼儿园

系统，共采用钒钛黑瓷集热板 660 块，太阳能集热器总面积为 349.8m^2，总轮廓采光面积为 316.8m^2。系统于设备间内安装了 4 个 2.5m^3 的贮热水箱，其保温材料均为 50mm 厚的聚氨酯板。系统还安装了 3 台共 90kW 的电加热器为辅助热源[1]，在日照不足及阴雨天气时保证室内供暖。室内采暖设计温度为 18℃，末端采暖方式为地板辐射采暖。

为验证系统性能，项目设计安装单位委托国家太阳能热水器质量监督检验中心（北京）于 4 个采暖日对其进行了测试。测试期间，室外平均环境温度为 3.6℃，平均风速为 1.24m/s，平均太阳总辐照量为 13.80MJ/m^2（图 1-27）。监测点共 5 个，分布于主要功能房间，即幼儿园的教室与更衣室。其中，房间 1 与房间 2 位于北侧，房间 3 至房间 5 位于南侧。经计算，太阳能采暖系统采暖期的集热系统效率为 41%，保证率为 63%[2]（表 1-4）。

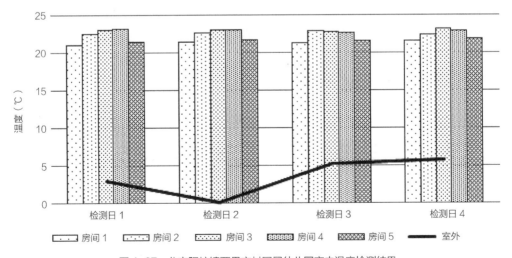

图 1-27　北京阳坊镇西贯市村回民幼儿园室内温度检测结果

---

① 北京市昌平区阳坊镇西贯市村. 用户报告 [R]. 2015.
② 中华人民共和国住房和城乡建设部. 可再生能源建筑应用工程评价标准 [S]. 北京：中国建筑工业出版社，2012：10-24.

北京阳坊镇西贯市村回民幼儿园系统效率检测结果　　　表1-4

日期	环境温度（℃）	太阳辐照量（MJ/m²）	集热系统得热量（MJ）	系统常规能源耗热量（MJ）	集热系统效率（%）	太阳能保证率（%）
1	3.1	7.76	803.2	2049.9	32.7	28.2
2	0.2	11.56	1273.8	1699.4	34.8	42.8
3	5.4	15.25	2373.8	404.3	49.1	85.4
4	5.9	20.62	3047.1	0	46.6	100.0

由项目室内外温度的检测结果可知，测试期间室外日平均环境温度波动范围为0.2～5.9℃，各房间内的温度恒定在21.1～23.2℃，平均温度为22.3℃，受室外气温影响较小，且无南北朝向温度差异。这表明该集热系统采暖效果良好，室内温度分布均匀。通过计算可以得出，本太阳能采暖系统采暖期的常规能源替代量为10804kgce，费效比为0.36元/kWh，二氧化碳减排量为26686kg，二氧化硫减排量为216kg，粉尘减排量为108kg。[①]

1.2.2.7　唐山滦县滦州镇范庄村

唐山滦县滦州镇范庄村中有多户农宅自发利用钒钛黑瓷太阳能集热系统进行冬季采暖，其中最有特色的为崔宅（图1-28）。该农宅的建筑面积约为200m²，南向单坡屋面设置约100m²的钒钛黑瓷集热器。用能末端为地板盘管，辅助热源为3000W的电加热棒。与一般非节能的农宅不同，该建筑采用了EPS模块进行建造。经用户反映，在室外气温为–13℃时，室内无需辅助加热即可达到室温15～18℃；而当室外气温为–17℃时，启动电辅助加热系统，也可保证室内的温度适宜。[②]

图1-28　唐山滦县滦州镇范庄村崔宅

1.3　钒钛黑瓷太阳能集热器及其系统的优化设计方法概述

本文在前人研究的基础上，针对钒钛黑瓷太阳能集热器及其系统进行了优化设计，具体内容如下。

第2章研究了钒钛黑瓷太阳能集热器的传热机理，包括集热器的能量守恒关系、透明盖

---

① 国家太阳能热水器质量监督检验中心（北京）. 检验报告：国太质检（委）字（2015）第TX04号 [R]. 2015：1-6.

② 山东天虹弧板有限公司，山东省科学院新材料研究所. 陶瓷太阳能房顶农居代煤采暖热水方案 [R]. 2017：80.

板—集热板系统的有效透过率—吸收率乘积、热损失分析及传热分析等，明确了集热器的工作原理。

第3章针对现有的钒钛黑瓷太阳能集热器及其建筑应用项目进行了热性能测试，包括实验室中的测试及农宅建筑应用测试，为后文的研究提供了基础参数。

第4章设计了钒钛黑瓷太阳能集热器的优化模型，并明确了空气温度、太阳辐照强度、采光面积、翅片宽度、翅片厚度、盖板层数、盖板厚度、盖板透过率、盖板折射率、质量流量、进口温度等参数对集热器热性能的影响，并在此基础上进行了理论上的参数优化。

第5章进行了钒钛黑瓷太阳能集热器的功能优化，即将液态工质集热模式扩展为液态—气态工质双效集热模式，进行了理论模拟研究与实验研究。

第6章以农宅建筑为例，对钒钛黑瓷太阳能集热系统进行了优化设计，选择了合理的辅助能源，并研究了燃烧器功率、集热面积、水箱面积等对系统的影响。

第7章将钒钛黑瓷太阳能集热器与建筑进行了集成设计，分析了针对住宅建筑与公共建筑的设计途径，做出了与建筑屋面及墙面一体化结合的细部构造设计，并分析了集成后的整合效益。

第8章对全文进行了总结，并提出了今后的工作展望。

2

钒钛黑瓷太阳能集热器的
传热机理

　　钒钛黑瓷太阳能集热器的工作原理为：通过太阳辐射投射到集热器上的能量一部分通过透明盖板入射到集热板上，另一部分被透明盖板吸收或反射回天空。到达集热板上的太阳辐射能，一部分被集热板吸收后转化为热能，另一部分被集热板反射回透明盖板。传热工质从集热器的进口流入流道，被导向流道的热能加热，温度升高后带着有用能从集热器流道的出口流出。在这样的换热循环过程中，入射的太阳辐射能逐渐被储存到储热设备中；而同时，集热器的透明盖板、侧板与背板亦不断地向外围散失着热量。该循环将持续进行到集热板温度到达某个稳态点时为止。[①]

2.1　能量守恒关系

　　钒钛黑瓷太阳能集热器的能量守恒关系如图 2-1 所示。根据能量守恒定律，单位时间集热器内能的增量（Q_s）等于投射在集热器采光面上的太阳辐射能与集热器的光学损失、热损失及输出的有用能之差，如式（2-1）所示。

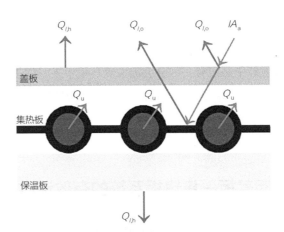

图 2-1　钒钛黑瓷太阳能集热器的能量守恒关系

$$Q_s = IA_a - Q_{l,o} - Q_{l,h} - Q_u \tag{2-1}$$

---

① 高腾. 平板太阳能集热器的传热分析及设计优化 [D]. 天津：天津大学.
2011：8.

式中，I：集热器采光面上的太阳辐照强度，W/m^2；

　　A_a：集热器的采光面积，m^2；

　　$Q_{l,o}$：集热器的光学损失，W；

　　$Q_{l,h}$：集热器的热损失，W；

　　Q_u：集热器输出的有用能，W。

单位时间内集热器内能的增量可用式（2-2）表示。

$$Q_s = (mC)dT_{abs}/dt \qquad （2-2）$$

式中，(mC)：集热器的热容量，$J/℃$；

　　T_{abs}：集热板温度，℃；

　　　t：时间，s。

非稳态工况时，如清晨太阳升起，集热板温度升高，集热器各部件不断吸热储能；傍晚太阳落山，集热板温度下降，集热器各部件不断放热释能。而在稳态工况时，单位时间内集热器内能的增量为 0。根据《太阳能集热器热性能试验方法》GBT 4271-2007[①]，上一章所进行的集热系统实验为室外稳态效率测试。为便于分析，本章亦主要考虑稳态工况。此时集热器输出的有用能可由式（2-3）表示。

$$Q_u = IA_a - Q_{l,o} - Q_{l,h} = C_p q_m(T_{f,o} - T_{f,i}) \qquad （2-3）$$

式中，C_p：工质的比热容，$J/kg℃$；

　　q_m：工质的质量流量，kg/s；

　　$T_{f,o}$：工质的出口温度，℃；

　　$T_{f,i}$：工质的进口温度，℃。

集热器的光学损失主要与透明盖板的透过率和集热板涂层的吸收率有关，如式（2-4）所示。

$$Q_{l,o} = IA_a[1 - (\tau a)_e] \qquad （2-4）$$

式中，$(\tau a)_e$：透明盖板—集热板系统的透过率—吸收率有效乘积。

集热器的热损失可用式（2-5）计算。可见，只要集热板温度高于环境温度，集热器吸收的太阳辐射能中必定有一部分会散失到环境中去。由于集热板的温度是集热器各部件中最高的，所以集热器的热损失可以用集热板温度与环境温度（T_a）的差来表示。

$$Q_{l,h} = A_a U_L(T_{abs} - T_a) \qquad （2-5）$$

式中，U_L 集热器的总热损失系数，$W/m^2℃$。

2.2　透明盖板—集热板系统的有效透过率—吸收率乘积

透明盖板的透过率 (τ) 是指透过透明盖板到达集热板表面的太阳辐射能；集热板的吸收率 (a) 则是指被集热板吸收的辐射能。具体而言，从太阳辐射能在集热器中的传递与损失过程来看，入射的太阳辐射能中，约有 τa 的部分被集热板吸收，$\tau(1-a)$ 的部分被集热板以散

① 中华人民共和国国家质量监督检验检疫总局，中国国家标准化管理委员会. 太阳能集热器热性能试验方法 [S]. 北京：中国标准出版社，2007：6-10.

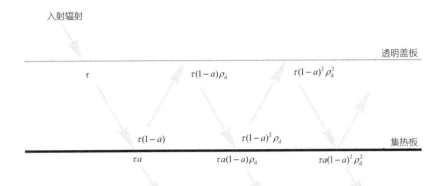

图 2-2 透明盖板—集热板系统的辐射透过、吸收和反射过程

射辐射的形式反射回透明盖板，而其中又有 $\tau(1-a)\rho_d$ 的部分被反射回集热板（ρ_d 为透明盖板对散射辐射的反射率）。如此反复吸收和反射，直至无穷，如图 2-2 所示。若将此过程中集热板所吸收的太阳辐射能求和，即可得到集热板最终所吸收的太阳辐射能，则透过率—吸收率乘积 $[(\tau a)]$ 可由式（2-6）[1]表示。在该公式中，透明盖板的透过率与集热板的吸收率均为测量值。其中，透明盖板的透过率，对于常用的超白布纹钢化玻璃多为 90%～95%，本研究取 92.5%；集热板的吸收率，对于钒钛黑瓷太阳能集热板，实测为 0.94。[2] 透明盖板对散射辐射的反射率则与其消光系数（K）及太阳辐射在其中的行程长度（L）有关。

$$(\tau a) = \tau a \sum_{n=0}^{\infty} [(1-a)\rho_d]^n = \frac{\tau a}{1-(1-a)\rho_d} \qquad （2-6）$$

太阳辐射经过透明盖板时被吸收的那部分能量，对整个集热器来说并非损失，因为这部分能力可以提高盖板的温度，减少集热板向盖板传递的热损失。从效果上来讲，相当于增加了透明盖板的透过率。具有 n 层透明盖板的集热器的有效透过率—吸收率乘积可按式（2-7）计算。其中，a_i 的取值与透明盖板的层数及集热板的辐射率（ε_p）有关，而钒钛黑瓷表面的发射率为 0.9。[3] 透明盖板的消光系数，对低铁超白玻璃可取 4/m。

$$(\tau a)_e = (\tau a) + a_1(1-e^{-K_1 L_1}) + a_2 \tau_1 (1-e^{-K_2 L_2}) + a_3 \tau_1 \tau_2 (1-e^{-K_3 L_3}) + \cdots \qquad （2-7）$$

式中，a_i：常数，按表 2-1 取值；

K_i：第 i 层透明盖板的消光系数，1/m；

τ_i：第 $i+1$ 层透明盖板的透过率；

L_i：太阳辐射在第 i 层盖板中的光程长度[4]，m。

L_i 的数值需根据相应盖板层的厚度（δ_c）和太阳辐射入射角（θ_i）进行计算，如式（2-8）所示。对于室外稳态工况，太阳辐射入射角可取 0°；对于玻璃盖板，折射率可取 1.52。

① 张鹤飞. 太阳能热利用原理与计算机模拟 [M]. 西安：西北工业大学出版社，2004：86.

② 国家节能产品质量监督检验中心. 检验报告：DU050349-2013[R]. 山东天虹弧板有限公司，2013：2.

③ 刘鉴民. 新型黑色陶瓷太阳能平板集热器的热性能分析 [J]. 甘肃科学学报，1990（4）：15.

④ 西北轻工业学院. 玻璃工艺学 [M]. 北京：中国轻工业出版社，2006：149.

$$L_i = \frac{\delta_c}{\sqrt{l - \left(\dfrac{\sin\theta_i}{r}\right)}} \tag{2-8}$$

式中：r：透明盖板的折射率。

a_i 的取值（张鹤飞）　　　　　　　　　　　表 2-1

透明盖板层数	a_i	集热板辐射率		
		0.95	0.50	0.10
1	a_1	0.27	0.21	0.13
2	a_1	0.15	0.12	0.09
	a_2	0.62	0.53	0.40
3	a_1	0.14	0.08	0.06
	a_2	0.45	0.40	0.31
	a_3	0.75	0.67	0.53

所以，对于本文主要研究的单层低铁超白玻璃盖板钒钛黑瓷太阳能集热器，其有效透过率—吸收率系数为一个与盖板厚度相关的参数，如式（2-9）所示。

$$(\tau a)_e = 0.925 \times 0.94 + 0.27\left[1 - \exp\left(-4\frac{\delta_c}{\sqrt{1 - \left(\frac{1}{1.52}\right)}}\right)\right] = 0.8695 + 0.27(1 - e^{-6.9\delta_c}) \tag{2-9}$$

2.3　热损失分析

为了分析钒钛黑瓷太阳能集热器的热性能，首先应分析其热损失。集热器的总热损失（$Q_{l,h}$）由顶部、底部和侧壁三部分的热损失组成[①]，其数值可由式（2-10）～式（2-13）计算得出，如图 2-3 所示。

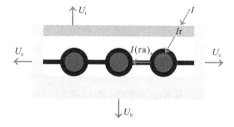

图 2-3　钒钛黑瓷太阳能集热器的总热损组成

$$Q_{l,h} = Q_t + Q_b + Q_e \tag{2-10}$$

$$Q_t = A_a U_\tau (T_{abs} - T_a) \tag{2-11}$$

$$Q_b = A_a U_b (T_{abs} - T_a) \tag{2-12}$$

$$Q_e = A_e U_e (T_{abs} - T_a) \tag{2-13}$$

式中，Q_t：集热器的顶部热损失，W；

Q_b：集热器的底部热损失，W；

Q_e：集热器的侧壁热损失，W；

Q_t：集热器顶部的热损失系数，W/m²℃；

Q_b：集热器底部的热损失系数，W/m²℃；

① 李明，季旭. 槽式聚光太阳能系统的热电能量转换与利用 [M]. 北京：科学出版社，2011：37.

Q_e：集热器侧壁的热损失系数，$W/m^2℃$；

A_e：集热器侧壁面积，m^2。

将式（2-10）~式（2-13）带入式（2-5），可得到式（2-14）。

$$U_L = U_t + U_b + U_e \frac{A_e}{A_a} \qquad (2-14)$$

为了计算上述各部分的热损失系数，需要明确集热器在运行中的传热过程，主要包括：①透明盖板外表面对环境的辐射和对流传热；②透明盖板内表面和集热板之间的对流和辐射传热；③集热板和底部外表面（通过保温层）的导热传热；④集热器底部和侧壁外表面与环境之间的对流和辐射传热。为方便研究，将环境记为 a，透明盖板外表面记为 c1，透明盖板内表面记为 c2，集热板记为 abs，集热器侧壁外表面记为 e，集热器底部外表面记为 b，将导热传热记为 cond，对流传热记为 conv，辐射传热记为 r，则上述传热过程可由图 2-4 表示。

为简化分析，可将上述按导热、对流和辐射热阻表示的集热器热网络图转化为按两面之间热阻表示的热网络图（2-5）。根据这一简化图，Klein 曾提出了计算集热器顶部的热损系

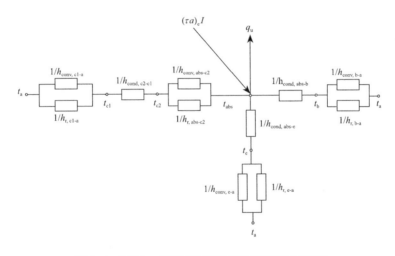

图 2-4　按导热、对流和辐射热阻表示的集热器热网络

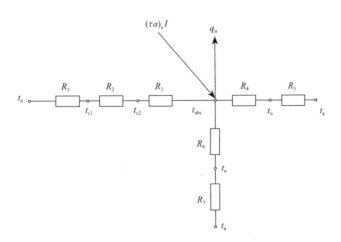

图 2-5　按两面之间热阻表示的集热器热网络

数的经验公式，即式（2-15）~式（2-18）。当集热板平均温度在环境温度和200℃之间时，该经验公式的误差在0.3W/m²℃以内。[1]

$$U_t = \left[\frac{N}{\dfrac{c}{T_{abs}} \left(\dfrac{T_{abs} - T_a}{N + f} \right)^e} + \frac{1}{h_w} \right]^{-1} + \frac{\sigma (T_{abs} + T_a)(T_{abs}^2 + T_a^2)}{(\varepsilon_p + 0.00591 N h_w)^{-1} + \dfrac{2N + f - 1 + 0.133 \varepsilon_p}{\varepsilon_c} - N} \quad (2\text{-}15)$$

$$c = \begin{cases} 0° < \phi < 70°, 520(1 - 0.000051\phi^2) \\ 70° < \phi < 90°, 392.6 \end{cases} \quad (2\text{-}16)$$

$$f = (1 + 0.0892 h_w - 0.1166 h_w \in_p)(1 + 0.07899N) \quad (2\text{-}17)$$

$$h_w = 5.7 + 3.8w \quad (2\text{-}18)$$

式中，h_w：透明盖板与外环境的对流传热系数，W/m²℃；

σ：斯蒂芬·玻尔兹曼常数，取 5.67×10^{-8}W/m²℃⁴；

ε_c：透明盖的板辐射率；

ϕ：集热器的倾角，°；

w：风速，m/s。

集热器底部的热损失决定于保温层的热阻 R_4 和环境的散热热阻 R_5。由于 R_4 远大于 R_5，则其底部热损系数可近似用式（2-19）表示。

$$U_b = \frac{\lambda_b}{\delta_b} \quad (2\text{-}19)$$

式中，λ_b：集热器底部保温材料的导热系数，W/m℃；

δ_b：集热器底部保温层的厚度，m。

集热器侧壁的热损失较小，可按照顶部热损系数的2%考虑[2]，即式（2-20）。

$$U_e \approx U_t \times 2\% \quad (2\text{-}20)$$

2.4　传热分析

钒钛黑瓷太阳能集热器的传热性能可以由其效率因子、迁移因子、瞬时效率及平均效率等来评价。为求得这些参数，计算集热板温度、工质平均温度等是关键的步骤。

2.4.1　效率因子

按照式（2-14）计算出集热器的总热损失系数以后，便可利用式（2-5）求出集热器的总热损失。然而，由于热损失和集热器与环境之间的温差成正比，而集热板温度不容易确定，所以式（2-5）的实用性受到一定限制。相比之下，集热器的进口温度和出口温度较易测定，所以集热器的效率方程可以用工质平均温度（T_f）来表示，如式（2-21）~式（2-22）所示。

[1] S. A. Klein. Calculation of fiat-plate loss coefficient[J]. Solar Energy, 1975(17): 79-80.

[2] 刘鉴民. 新型黑色陶瓷太阳能平板集热器的热性能分析[J]. 甘肃科学学报，1990（5）：16.

$$Q_{l,h} = A_a F' U_L (T_f - T_a) \quad (2\text{-}21)$$

$$T_f = 0.5(T_{f,i} + T_{f,o}) \quad (2\text{-}22)$$

对于图 1-18（b）所示结构的钒钛黑瓷太阳能集热器，其效率因子（F'）可按式（2-23）~式（2-27）计算。可见，集热器的效率因子是与集热器几何结构相关的物理量，其数值为集热工质对环境传热系数与集热板对环境传热系数之比，亦即集热器实际输出的能量与假定整个集热板处于工质平均温度时输出的能量之比。[①] 通常，对于一定结构和工质流量的集热器，其效率因子为常数。良好的平板型太阳能集热器，其效率因子的数值一般为 0.9 ~ 1.0。

$$F' = \frac{l/U_L}{W\left\{\dfrac{l}{U_L[D_o + (W - D_o)F]} + \dfrac{l}{h_i \pi D_i}\right\}} \quad (2\text{-}23)$$

$$h_i = (1430 + 13.3T_f - 0.048T_{f2})w_w^{0.8}D_i^{-0.2} \quad (2\text{-}24)$$

$$w_w = \frac{q_m}{\dfrac{\pi D_i^2}{4}p_w \operatorname{int}\left(\dfrac{l}{W}\right)} \quad (2\text{-}25)$$

$$F = \frac{\tanh\left[\dfrac{m(W - D_o)}{2}\right]}{\dfrac{m(W - D_o)}{2}} \quad (2\text{-}26)$$

$$m = \sqrt{\frac{U_L}{\lambda_{abs}\delta}} \quad (2\text{-}27)$$

W：翅片的宽度，取两相邻流道的轴距，m；

D_o：流道的外直径，m；

D_i：流道的内直径，m；

F：翅片效率；

w_w：流道内工质的流动速度，m/s；

ρ_w：工质的密度，kg/m³；

l：集热器的长度，m；

h_i：流道内的对流换热系数，W/m²℃；

λ_{abs}：翅片的导热系数，对钒钛黑瓷取 1.256W/m℃[②]；

δ：翅片的厚度，m。

2.4.2　迁移因子

引入效率因子后，可用工质的平均温度来计算集热器的热损失。然而，尽管集热器工质的平均温度是可以测定的，但由于集热器工质出口温度随太阳辐射强度变化，在实际测试中并不易控制工质的平均温度。相较而言，工质的进口温度更容易被控制与测定。故以工质的

① 别玉，胡明辅，郭丽. 平板型太阳能集热器瞬时效率曲线的统一性分析 [J]. 可再生能源，2007，25（4）：18-20.

② 刘鉴民. 新型黑色陶瓷太阳能平板集热器的热性能分析 [J]. 甘肃科学学报. 1990（4）：12.

进口温度作为基准定义集热器的热损失，引入集热器的迁移因子（F_R），表示如式（2-28）及式（2-29）。可见，迁移因子是综合反映集热板传热性能和工质对流换热对集热器热性能影响的无量纲参数[1]，它不仅与集热器的几何结构和传热特性有关，还受到质量流量、流体比热容和集热器面积的影响。

$$Q_{l,h} = A_a F_R U_L (T_{f,i} - T_a) \tag{2-28}$$

$$F_R = \frac{q_m c_p}{A_a U_L}\Big[1 - \exp\frac{A_a U_L F'}{q_m c_p}\Big] \tag{2-29}$$

2.4.3　集热板温度

计算得到上述数据后，可按照式（2-30）求出集热板温度。

$$T_{abs} = T_{f,i} + \frac{Q_u}{A_a F_R U_L}(1 - F_R) \tag{2-30}$$

2.4.4　工质平均温度

流道内工质的平均温度可按式（2-31）计算。

$$T_f = T_{f,i} + \frac{Q_u}{A_a F_R U_L}\Big(1 - \frac{F_R}{F'}\Big) \tag{2-31}$$

2.4.5　瞬时效率

集热器的瞬时效率（η）是集热器在某一瞬间的热性能，可表达为式（2-32）。若假设集热器的总热损系数是不随温度变化的常量，则集热器的瞬时效率可表达为式（2-33）。当瞬时效率为 0 时，集热板温度、工质平均温度与集热器进口温度均相等，这意味着集热器达到其最高工作温度。该温度主要取决于有效透过率—吸收率乘积和总热损系数。所以，增大有效透过率—吸收率乘积或减小总热损系数是提高运行温度的有效途径。

$$\eta = \frac{Q_u}{A_a I} = F_R\Big[(\tau a)_e - U_L \frac{T_{f,i} - T_a}{I}\Big] \tag{2-32}$$

$$\eta = (\tau a)_e - U_L \frac{T_{abs} - T_a}{I} = F'\Big[(\tau a)_e - U_L \frac{T_f - T_a}{I}\Big] \tag{2-33}$$

如令 $A = F_R(\tau a)_e$，$B = F_R U_L$，$T_m^* = (T_{f,i} - T_a)/I$，则式（2-34）可以作为太阳能集热器的一般效率方程。对于一给定的集热器，A 是主要取决于透明盖板光学特性和层数和集热板光学特性的常数，可表示集热器理论上可能达到的最高效率，也称为瞬时效率截距；B 是主要取决于集热器结构设计与保温设计的常数，亦是效率曲线的斜率；T_m^* 为归一化温差。理论分析与经验表明，只要能够得出集热器的 A 值与 B 值，就能够对其热性能作出大致的评估。

---

① 顾明. 平板集热的太阳能海水淡化系统性能研究 [D]. 大连：大连理工大学，2014：20.

$$\eta = A - BT_{\mathrm{m}}^{*} \tag{2-34}$$

2.4.6 平均效率

在实际应用中，集热器在一段时间内的平均效率较瞬时效率更有价值，其定义见式（3-3），即测量指定时段内的集热器的有用能和集热器采光面积上的太阳辐射量，再计算其平均效率。

2.5 本章小结

从理论的角度出发，本章分析了钒钛黑瓷太阳能集热器的传热过程与热性能。通过太阳辐射投射到集热器上的能量一部分通过透明盖板入射到集热板上，另一部分被透明盖板吸收或反射回天空。到达集热板上的太阳辐射能，一部分被集热板吸收后转化为热能，另一部分被集热板反射回透明盖板。传热工质从集热器的进口流入流道，被导向流道的热能加热，温度升高后带着有用能从集热器流道的出口流出。同时，集热器盖板、侧板和背板不断向外围散失热量，形成集热器的热损失。此过程中的传热性能可通过集热器的效率因子、迁移因子及效率等参数来评价。

3

钒钛黑瓷太阳能集热器的
热性能实验

3.1 实验室测试

本节的内容包括对钒钛黑瓷太阳能集热系统热性能的实验室测试系统介绍与测试结果及其分析。

3.1.1 测试系统与方法

该实验室测试系统位于山东济南市区内的一处屋顶（图 3-1）。该屋顶朝向正南，倾角为 12.5°。屋面集热系统采用整体型钢式的安装构造，如图 3-2 所示。所谓整体式的安装构造是指将整个屋面当作一个集热单元，使集热板与之共用结构层、保温层、防水层等[①]，详

（a）搭建过程　　　　　　　　（b）搭建完毕

图 3-1　实验室测试系统屋面实景

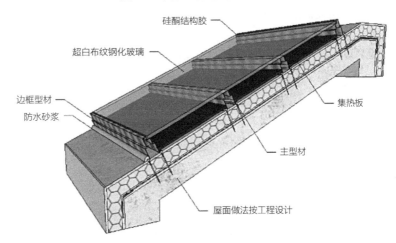

硅酮结构胶

超白布纹钢化玻璃

边框型材

防水砂浆

集热板

主型材

屋面做法按工程设计

图 3-2　实验室测试系统屋面安装构造示意

① 曹树梁，许建华，杨玉国，等. 陶瓷太阳板及其应用 [J]. 能源研究与利用，2011（2）：34-35.

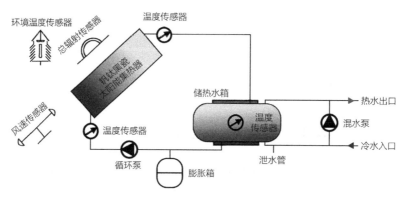

图 3-3 实验室测试系统运行原理

见 7.3.1 屋面集成细部构造设计。

系统的水箱安装于集热器下方，采用温差循环的方式运行（图 3-3），即：当集热器温度高于水箱温度 8℃时，循环水泵自动启动；当两者温度接近时，循环水泵停止运行。为了降低使用成本，提高换热效率，减少维护，直接采用水作为传热介质。

为方便研究，本次测试取可独立运行的单列及四列集热器系统与一体式玻璃真空管热水器进行室外稳态对比实验。三种集热系统的技术参数如表 3-1 所示。

实验室测试系统技术参数   表 3-1

系统类型	蓄热水箱水量（m^3）	采光面面积（m^2）	集热器倾角（°）
单列钒钛黑瓷太阳能集热系统	0.2691	3.60	12.5
四列钒钛黑瓷太阳能集热系统	0.8862	15.95	12.5
玻璃真空管热水器	0.0951	1.40	45.0

按照相关标准要求，表 3-2 列出了该测试系统的实验装置、测试内容与范围等信息。其他单独使用的仪器设备概况如表 3-3 所示。测试时间为 2014 年 10 月 1 日～4 日，测试期间天气晴好，空气温度在 11～21℃之间，风速为 3.4～4m/s。测试参数包括太阳辐射量、室外气温及系统进出水温度等。

太阳能热水系统性能测试系统概况   表 3-2

测试项目	通道数	测量范围	测量精度	显示分辨率	备注
太阳辐射	2 路（总辐射）	$0～2000W/m^2$	＜5%	$1W/m^2$	显示内容包括瞬时值、小时累积量、日累积量等
水箱温度	3 路	$-20～150℃$	±0.2℃	0.1℃	不锈钢封装，全密封，防腐，防水
环境温度	1 路	$-40～70℃$	±0.2℃	0.1℃	不锈钢封装，全密封，防腐，防水，带防辐射罩
进出水流量	2 路	$0.2～1.2m^3/h$	＜0.5%	$0.0001m^3/h$	耐水温 0～120℃
环境风速	1 路	$0～70m/s$	±0.3m/s	0.1m/s	—

其他仪器设备概况　　　　　　　　　　表 3-3

名称	型号	数量	单位
混水泵控制柜	TRM-CZ-XT1	1	套
白钢三脚架	TRM-CZ-HW1	1	套
太阳能热水器系统控制柜	TRM-2-KG1	1	套
太阳能热水器热性能测试仪	TRM-2	1	台
多路温度控制仪	SK-2B	1	台
太阳总辐射传感器	TBQ-2	1	台
精密温度传感器	PTWD	3	只
环境温度传感器（带防辐射罩）	PTWD-2AF	2	只
数字风速传感器	EC-9S	1	台
流量传感器	LL	1	台
无线自动气象站	PC-4	1	套

采用混水法测定日有用得热量。测试期间的日太阳辐照累积量 H 对 12.5° 倾角平面为 17.16MJ/m^2，对 45° 倾角平面为 23.29MJ/m^2，均符合不低于 16MJ/m^2 的要求；当日环境温度为 17～24℃时，符合平均环境温度为 8～35℃的要求。[①] 系统工作 8h，即 8 时至 16 时。系统按规定的 20.0±1.0℃上水，启动混水泵，以 400～600l/h 的流量进行循环，将蓄热水箱底部的水抽到顶部来混合蓄热水箱中的水，至少 5min 内蓄热水箱内水温变化不大于 ±0.2℃时，认为该系统达到均匀的预定温度时，停止混水。[②]

3.1.2　测试结果与分析

图 3-4 为三种集热系统在测试较为稳定的 10 月 3 日的水箱温度变化曲线。单列、四列的钒钛黑瓷太阳能集热系统及玻璃真空管热水器的初始水温分别为 16.4℃、18.5℃及 25.1℃，终止水温分别为 44.8℃、56.1℃及 49.9℃，8h 温升分别为 28.4℃、37.6℃及 24.8℃。可见，四列钒钛黑瓷系统的水温优于玻璃真空管热水器；单列钒钛黑瓷系统的终止水温虽低于玻璃真空管热水器，但其温升却仍较高。考虑到玻璃真空管的倾角优势更为明显，钒钛黑瓷系统的效率应更高。

三种系统的得热量（Q_u）可用式（3-1）进行计算，则单列、四列的钒钛黑瓷太阳能集热系统及玻璃真空管热水器的得热量分别为 32.10MJ、139.95MJ 及 9.91MJ。

$$Q_u = \rho_w C_{pw} V_s (t_e - t_b) \times 10^{-6} \tag{3-1}$$

① 中华人民共和国国家质量监督检验检疫总局，中国国家标准化管理委员会. 家用太阳能热水系统技术条件 [S]. 北京：中国标准出版社，2011：10.

② 中华人民共和国国家质量监督检验检疫总局. 家用太阳能热水系统热性能试验方法 [S]. 北京：中国标准出版社，2002：7.

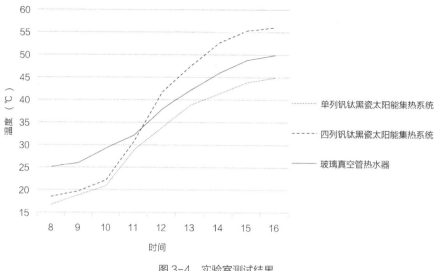

图 3-4 实验室测试结果

式中，V_s：蓄热水箱内水的体积，m^3；

      t_e：集热实验初始水温，℃；

      t_b：集热实验终止水温，℃。

为使实验结果具有可比性，可按式（3-2）计算出折合到太阳辐照量为 $17MJ/m^2$ 时的日有用得热量（q），结果分别为 $8.83MJ/m^2$、$8.69MJ/m^2$ 及 $5.16MJ/m^2$。

$$q = \frac{17Q_u}{HA_a} \tag{3-2}$$

集热器的平均集热效率（η_1）可按式（3-3）进行计算，得到结果分别为 51.96%、51.13% 及 30.38%。针对此三种集热系统的测试可得出结论，钒钛黑瓷太阳能集热系统的实验室热效率在 51%~52% 之间，且热性能优于测试用玻璃真空管集热器。需要说明的是，不同玻璃真空管集热器产品的集热效率差别较大，一般在 30%~60% 之间不等[1]，本测试并不能得出钒钛黑瓷系统优于全部玻璃真空管系统的结论。

$$\eta_1 = Q_u/HA_a \tag{3-3}$$

3.2 建筑应用测试

本节的内容包括对钒钛黑瓷太阳能集热系统的一农宅建筑应用项目的介绍与热性能测试结果及其分析。农宅应用测试的方法与实验室测试相似，故不再赘述。

3.2.1 测试对象

为了测试钒钛黑瓷太阳能集热系统在实际农宅项目中的应用效果，选取建筑热工性能具

---

① 侯宏娟. 太阳集热器热性能动态测试方法研究 [D]. 上海：上海交通大学，2005.

有代表性且系统运行稳定的菏泽巨野县核桃园镇吴平坊村（见 1.2.2.2）中一联排农宅的西户进行。测试于 2014 年 11 月 15 日～2015 年 1 月 13 日进行，测试期间仅开启太阳能集热系统，不开启辅助加热系统。测试分为 2 个阶段：第一阶段简单记录天气情况与开启不同房间太阳能采暖循环后的室内外温度，测试时间为 2014 年 11 月 15 日～2015 年 1 月 4 日；第二阶段测试太阳辐照量、进出口水温、室内外温度等参数，测试时间为 2015 年 1 月 8 日～13 日。

3.2.1.1 农宅建筑

图 3-5 及图 3-6 分别展示了测试农宅的户型平面及立面，其面宽为 7.8m，进深为 9.9m，建筑面积为 171.05m²，采暖面积为 129.26m²。表 3-4 则列出了该建筑各部分围护的构造做法。

为增加集热面积，该农宅设计了南向单坡的屋面形式，并由此形成了阁楼空间（图 3-7）。阁楼增加建筑面积 47.93m²，包括南北向储藏室各 2 间。经由储藏室，可通过门进入屋面，屋面四周设栏杆。阳台部分的屋面及屋脊部分，分别设置检修平台；上下检修平台以西侧的楼梯步道相连接。

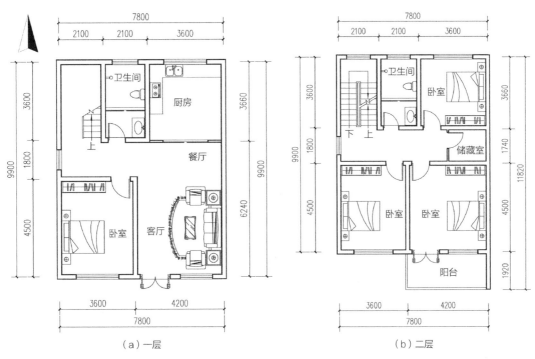

图 3-5 农宅应用项目平面

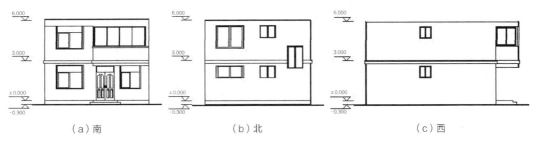

图 3-6 农宅应用项目立面

农宅应用项目围护结构构造方式及材料热工参数　　　表3-4

围护结构	材料名称	厚度（m）	导热系数（W/m℃）	传热系数（W/m²℃）
屋面	水泥砂浆	0.02	0.93	1.16
	胶粉聚苯颗粒	0.025	0.059	
	SBS	0.004	0.23	
	水泥砂浆	0.02	0.93	
	混凝土板	0.10	1.94	
	混合砂浆	0.02	0.87	
外墙	水泥砂浆	0.02	0.93	0.79
	胶粉聚苯颗粒	0.025	0.059	
	烧结淤泥普通砖	0.24	0.50	
	混合砂浆	0.02	0.87	
架空或外挑楼板	水泥砂浆	0.02	0.93	1.22
	胶粉聚苯颗粒	0.025	0.059	
	混凝土板	0.10	1.94	
	混合砂浆	0.02	0.87	
户门	金属保温门	—	—	3.00
外窗	单层玻璃平开窗	—	—	4.70

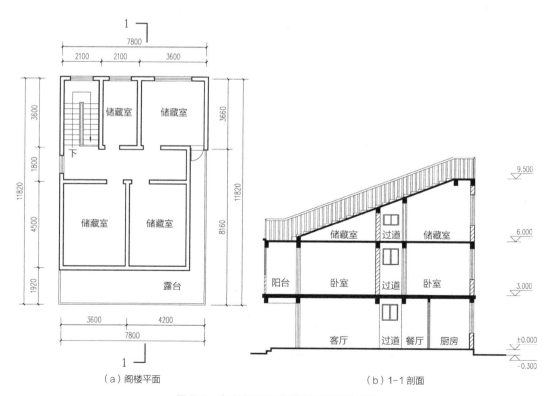

（a）阁楼平面　　　　　　　　　　　　（b）1-1剖面

图3-7　农宅应用项目阁楼平面及建筑剖面

坡屋面下边框处的细部构造如图 3-8 所示。混凝土边框在土建阶段预制而成，角度与集热平面垂直。框高 160mm，宽 60mm，顶部设 20mm 台阶，用以防止玻璃盖板下滑。边框内的构造层次自下而上包括结构层、防水层、保温层、保护层、集热层、盖板层等。其中，防水层由原平屋顶的 SBS 卷材改为油毡；保温层由 70mm 厚的聚苯板及 20mm 厚的聚氨酯板叠加而成；保护层为 8mm 菱镁板，用于保护保温层及固定锚栓。出屋面门的过梁处构造与下边框处构造相似。

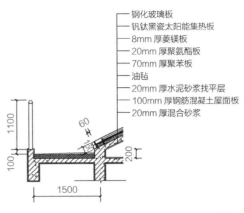

图 3-8　农宅应用项目坡屋面下边框处细部构造

3.2.1.2　集热系统

该钒钛黑瓷太阳能集热系统的主要目标为提供冬季采暖热源，同时兼顾其他季节生活热水热源。综合考虑钒钛黑瓷太阳能集热器的性能、菏泽农村地区的经济条件与业主的接受程度，本项目选用了液体工质集热器、直接系统、短期蓄热、散热器＋低温热水地板辐射、排空系统相组合的系统类型。其中，蓄热装置选择 1.5t 保温水箱，于一层厨房角落放置；末端采暖系统的选择由于受限于当地施工水平，无法保证一层低温热水地板辐射的有效运行，故将散热器应用于一层采暖房间及二层卫生间，低温热水地板辐射应用于二层其他采暖房间。

该建筑共采用了 102 块尺寸为 720mm×720mm 的钒钛黑瓷太阳能集热板，集热面积约为 52.88m²，如图 3-9（a）所示；集热系统采用整体锚桩式的安装构造，如图 3-9（b）所示。该项目的施工情况如图 3-10 所示。

在采暖期，该农宅利用钒钛黑瓷集热板收集太阳能，并将其贮存至保温水箱用作一、二层的采暖热源及生活热水；在非采暖期，仅生活热水管道开启，房间采暖循环关闭（图 3-11）。[①] 为防止过高或过低的水温对集热板及连接件造成破坏，该系统采用排空的方式，即在不需要热水供应的时间与冬季夜晚，利用重力使板内的水全部回流至水箱。

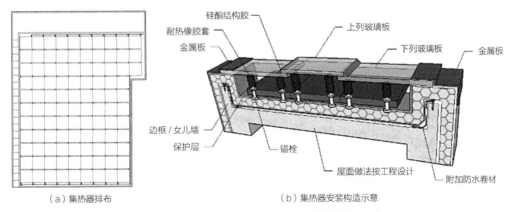

（a）集热器排布　　　　（b）集热器安装构造示意

图 3-9　农宅应用项目屋顶集热器排布与安装构造

---

① 吕萍秋. 太阳能采暖和热水组合系统的研究 [J]. 甘肃科学学报，2009，21（1）：151-153.

（a）建造坡屋顶　　　　　　　　　　　（b）铺设保温层

（c）铺设钒钛黑瓷太阳能集热板　　　　　（d）铺设透明盖板

图 3-10　农宅应用项目施工实景

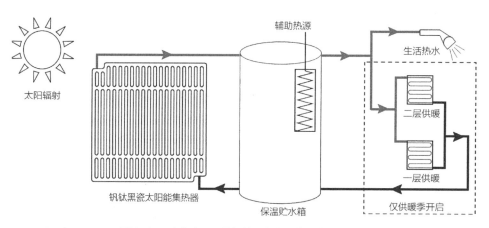

图 3-11　农宅应用项目钒钛黑瓷太阳能集热系统原理

3.2.2　测试结果与分析

3.2.2.1　第一阶段

第一阶段的测试分为 4 个子阶段。第一子阶段开启 1 间南向卧室的地暖循环，并于每日午 12 时左右及晚 21 时左右记录其室内外气温，测试时间为 2014 年 11 月 15 日～30 日；第二子阶段开启 1 间北向卧室的地暖循环，于每日午 12 时左右及晚 21 时左右记录其室内外气温，测试时间为 2014 年 12 月 1 日～16 日；第三子阶段开启 1 间北向卧室的地暖循环，于每日早 8 时左右及晚 21 时左右记录其室内外气温,测试时间为 2014 年 12 月 17 日~23 日;第四子阶段开启 2 间南向卧室的地暖循环,于每日早 8 时左右及晚 21 时左右记录主卧室的室内外气温,测试时间为 2014 年 11 月 25 日~2015 年 1 月 4 日。

第一子阶段采暖面积与集热系统面积的比值约为 1:3,其测试结果如图 3-12 所示。测试期间的午间室外平均气温为 6.0℃,晚间为 2.8℃,日均平均气温为 4.4℃。在钒钛黑瓷太阳能采暖系统作用下,南向卧室的室内气温在午间和晚间没有明显差别,其平均值为 15.0℃,平均温升为 10.6℃。室内气温的波动大体与室外气温同步,但天气情况对于采暖系统的效果没有明显的影响。

第二子阶段采暖面积与集热系统面积的比值约为 1:3,其测试结果如图 3-13 所示。测

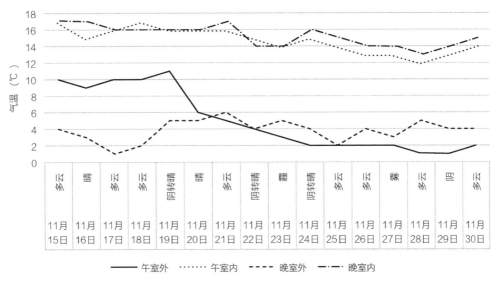

图 3-12　农宅应用 11 月 15 日~30 日测试数据

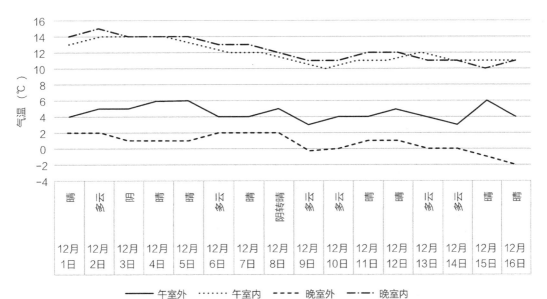

图 3-13　农宅应用 12 月 1 日~26 日测试数据

试期间的午间室外平均气温为 4.5℃，晚间为 0.8℃，日平均气温为 2.6℃。在钒钛黑瓷太阳能采暖系统作用下，北向卧室的室内气温在午间和晚间没有明显差别，其平均值为 12.1℃，平均温升为 9.5℃。室内气温的波动大体与室外气温同步，但天气情况对于采暖系统的效果没有明显的影响。与第一子阶段相较，北向卧室的室内气温及温升值均略低于南向室外气温。

第三子阶段采暖面积与集热系统面积的比值约为 1 : 3，其测试结果如图 3-14 所示。测试期间的早室外平均气温为 -0.3℃，晚间为 -2.3℃；日平均气温为 -1.3℃。在钒钛黑瓷太阳能采暖系统作用下，北向卧室的室内气温在早间和晚间没有明显差别，其平均值为 13.0℃，平均温升为 11.7℃。室内气温的波动大体与室外气温同步，但天气情况对于采暖系统的效果没有明显的影响。

第四子阶段采暖面积与集热系统面积的比值约为 1 : 1.5，其测试结果如图 3-15 所示。

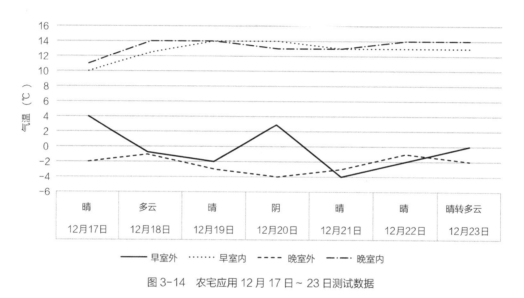

图 3-14 农宅应用 12 月 17 日~ 23 日测试数据

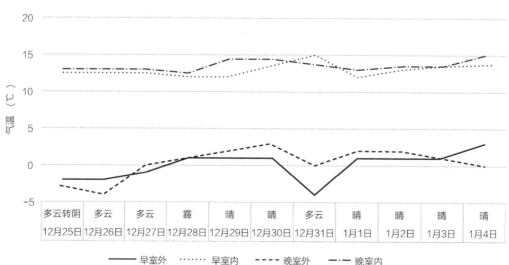

图 3-15 农宅应用 12 月 25 日~ 1 月 4 日测试数据

测试期间的早间室外平均气温为 –0.3℃，晚间为 0.6℃，日平均气温为 0.2℃。在钒钛黑瓷太阳能采暖系统作用下，主卧室的室内气温在早间和晚间没有明显差别，其平均值为 13.3℃，平均温升为 13.1℃。室内气温的波动大体与室外气温同步，但天气情况对于采暖系统的效果没有明显的影响。与第一子阶段相较，开启 2 间南向卧室后的主卧室平均温度较仅开启 1 间的情况降低 1.7℃；但考虑到室外气温条件，其温升值反而更高。所以，在太阳能集热系统可以提供充足采暖所需热量时，可以尽可能开启房间的采暖循环，以保障室内温度舒适。

3.2.2.2　第二阶段

本小节仅选取第二阶段中测试条件较为稳定的 1 月 9 日 ~ 11 日数据进行分析。此 3 日的天气情况基本晴好，其主要结果如表 3-5 及图 3-16 ~ 图 3-18 所示。按照式（3-1）计算该系统的得热量，可得到 3 日的结果分别为 313.74MJ、322.56MJ 及 322.56MJ。按照式（3-2）计算出折合到太阳辐照量为 17MJ/m² 时的日有用得热量分别为 8.46MJ/m²、8.31MJ/m² 及 9.05MJ/m²，平均值为 8.61MJ/m²。按照式（3-3）计算钒钛黑瓷太阳能集热器的平均集热效率，得到结果分别为 49.76%、48.89% 及 53.24%，平均值为 50.63%。可见，钒钛黑瓷太阳能集热器的农宅应用效率虽低于实验室效率，但降低幅度不大。

农宅应用 1 月 9 日 ~ 11 日测试结果　　　　　　　表 3-5

日期	t_b（℃）	t_e（℃）	H（MJ/m²）	室外温度区间（℃）	室内平均温度（℃）
1 月 9 日	9.3	59.1	11.927	6.6 ~ 13.4	12.0
1 月 10 日	7.7	58.9	12.477	3.9 ~ 15.5	14.5
1 月 11 日	19.2	70.4	11.457	7.4 ~ 14.9	16.3

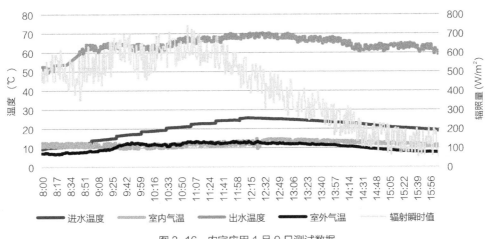

图 3-16　农宅应用 1 月 9 日测试数据

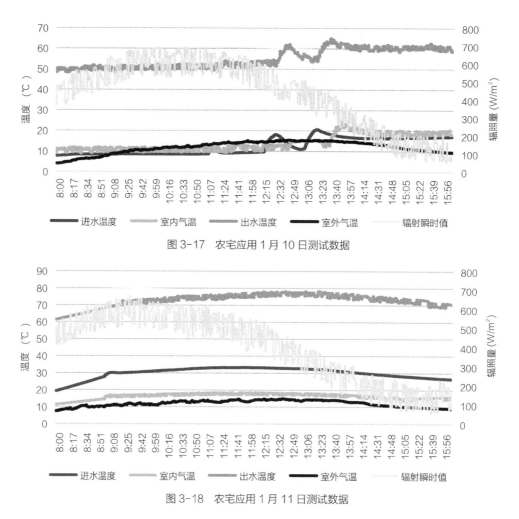

图 3-17 农宅应用 1 月 10 日测试数据

图 3-18 农宅应用 1 月 11 日测试数据

表 3-6 整理了现有研究对钒钛黑瓷太阳能集热器效率的研究概况。可以看出，钒钛黑瓷太阳能集热器的实验室集热效率在 39%~65% 之间，工程实践集热系统效率在 24%~57% 之间；而本研究测试得出的集热效率在此范围内，故测试结果是可信的。为方便研究，在下文的计算中，如无特殊说明，对钒钛黑瓷太阳能集热器的集热效率均取 50%。

现有钒钛黑瓷太阳能集热板集热效率研究概况 [①]　　　　表 3-6

研究类型	研究（论文发表）时间	研究人（机构）	集热效率	地点	集热面积	集热器位置
实验室研究	1986 年 9 月	刘鉴民	46.1%	北京	1.065m²	40° 南向坡屋面
	1987 年	徐淑常	55%~60%	—	—	—
	2010 年 10 月	修大鹏等	53.2%	济南	120m²	12.5° 南向坡屋面
			41.3%	济南	30m²	12.5° 南向坡屋面
	2012 年 11 月、2013 年 4 月	何文晶	39%	济南	1.47m²	南向坡屋面
	2016 年 4 月~10 月	Miroslaw Zukowski 等	65%	比亚韦斯托克	1.748m²	无遮挡室外地面

---

① 仅限带玻璃盖板的液体工质系统。

续表

研究类型	研究（论文发表）时间	研究人（机构）	集热效率	地点	集热面积	集热器位置
工程研究	2009 年 12 月	Xiao-Yu Sun 等	50.59%	晋江	52.2m²	30° 南向坡屋面
	2012 年 8 月	任川山等 [1]	24.48% ~ 50.11%	北京	81.8m²	南向坡屋面
	2013 年	Yuguo Yanga 等	47.1%	北京	2.58m²	阳台栏板
			50%	济南	36m²	30° 南向坡屋面
	2013 年 11 月 8 日	佛山华盛昌陶瓷有限公司 [2]	50.46%	佛山	24.01m²	—
	2013 ~ 2014 年	马瑞华等	57%	攀枝花	1500m²	屋面
	2014 年	严军等 [3]	50%	西宁	30m²	南向坡屋面
	2014 年	青海万通新能源技术开发股份有限公司 [4]	46.5%	贵德	16m²	南向坡屋面
	2015 年 2 月 ~ 3 月	北京天能通太阳能科技有限公司 [5]	41%	北京	316.8m²	南向坡屋面

3.3 本章小结

本章对钒钛黑瓷太阳能集热器及其系统的热性能进行了实验室测试及建筑应用测试。

在实验室测试方面，两种钒钛黑瓷太阳能集热实验室测试系统的日有用得热量分别为 8.83MJ/m² 及 8.69MJ/m²，系统的平均集热效率分别为 51.96% 及 51.13%。

在建筑应用测试方面，选择了山东菏泽的一处屋顶钒钛黑瓷太阳能集热系统，其集热面积为 52.88m²。测试分为 2 个阶段。第一阶段的测试结果表明，该项目在冬季的室内卧室温度为 12.1 ~ 15.0℃，采暖系统带来的气温升高值为 9.5 ~ 13.1℃。第二阶段的测试结果表明，该系统的日有用得热量为 8.61MJ/m²，平均集热效率为 50.63%。所以，钒钛黑瓷太阳能集热系统的热性能符合相关行业要求，具有全部或部分替代传统能源采暖的可能性。

① 任川山，张杰，王耀堂. 陶瓷板太阳能集热器集热性能分析 [J]. 科技创新与应用，2013（13）：49-50.
② 佛山华盛昌陶瓷有限公司. 测试报告：SW128[S]. 广东省太阳能协会，2013：1.
③ 严军，乔建华. 高寒地区陶瓷太阳能集热系统的应用研究 [J]. 青海大学学报（自然科学版），2014，32（6）：34-37.
④ 青海万通新能源技术开发股份有限公司. 贵德拉西瓦村民太阳能采暖工程项目设计方案 [R]. 2014：13-18.
⑤ 北京天能通太阳能科技有限公司. 检验报告：国太质检（委）字（2015）第 TX04 号 [S]. 国家太阳能热水质量监督检验中心（北京），2015：1-2.

4

钒钛黑瓷太阳能集热器的
参数优化

钒钛黑瓷太阳能集热板表面的吸收涂层主要为钒钛矿渣[①]，虽然其吸收率约为94%，但辐射率却高达90%，并且陶瓷材料的导热系数很低，仅为铜的1/300左右，虽然由于壁厚不大而热阻较小，但仍会显著影响钒钛黑瓷太阳能集热器的热性能。在涉及钒钛黑瓷材料的参数无法改变的前提下，通过改变其他影响因素，有可能从理论上对该种集热器进行优化。

4.1　计算方法

集热器的瞬时效率是评价其热性能的最重要指标。根据式（2-32）及式（2-33），计算钒钛黑瓷太阳能集热器的瞬时效率，需要求出其总热损失系数等参数。根据式（2-10）~式（2-19），总热损失系数是集热板温度的函数，然而集热板温度并不是一个事先确切可知的恒定参数，所以计算总热损系数必须采用迭代法。如图4-1所示，本研究所设计的计算方法开始需根据经验假设一个集热板温度值，并根据上节公式逐步计算，直到得出集热板温度计算值。将集热板温度的假设值与计算值相减，若二者之差的绝对值小于10^{-6}[②]，则可认为符合精度要求；否则，将计算值作为二次假定值再次迭代计算，直至得到符合精度要求的集热板温度值。最后，根据此值求解集热器的瞬时效率。

为了便于迭代计算，分析不同参数对集热器热性能的影响，本研究利用Microsoft Office Excel软件编制了一套计算表格。如图4-2所示，表格中需要输入包括结构参数、光学参数、环境参数及进口参数等的初始数据，其中黑色数据为钒钛黑瓷太阳能集热器的常用数值，一般不需要更改，红色数据则可以根据研究需要或实际情况填写。计算结果部分则可以输出包括瞬时效率在内的有关集热器热性能的主要指标。

---

① 陈贤伟，范新晖，周子松. 陶瓷板太阳能集热器发展现状及研究 [J]. 佛山陶瓷，2014（2）：1-4，18.

② 高腾. 平板太阳能集热器的传热分析及设计优化 [D]. 天津：天津大学，2011：32.

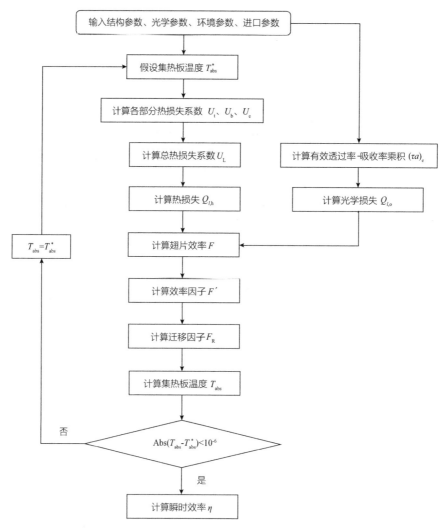

图 4-1　钒钛黑瓷太阳能集热器瞬时效率计算方法

	A	B	C	E	F	G	I	J	K	M	N	O	Q	R	S
1	结构参数			光学参数			环境参数			进口参数			计算结果		
2	集热板材料导热系数	1.256	W/mK	透明盖板厚度	0.0032	m	空气温度	10	℃	进口温度	50	℃	有效透过率-吸收率乘积	0.88	
3	翅片厚度	0.004	m	透明盖板层数	1	层	太阳辐射强度	800	W/m²	质量流量	0.02	kg/s	c	492.84	
4	翅片宽度	0.04	m	透明盖板透过率	0.925		风速	4	m/s				盖板与外环境的对流传热系数	20.90	
5	翅片外直径	0.025	m	透明盖板辐射率	0.94								f	0.72	
6	翅片内直径	0.017	m	透明盖板折射率	1.52								e	-0.48	
7	底部保温层厚度	0.09	m	集热器倾角	32	°							顶部热损失系数	2.14	W/m²K
8	侧壁保温层厚度	0.09	m	集热板吸收率	0.95								底部热损失系数	0.48	W/m²K
9	保温层导热系数	0.043	W/mK	集热板辐射率	0.9								侧壁热损失系数	0.04	W/m²K
10	集热器长度	8.42	m										集热器侧壁面积	2.84	m²
11	集热器宽度	4.48	m										总热损失系数	2.69	W/m²K
12	集热器厚度	0.11	m										m	23.14	
13	集热器采光面积	1.597	m²							假定集热板温度	47.05828415	℃	翅片效率	0.99	
14													热损失	159.17	W
15													光学损失	147.44	W
16													有用能量收益	970.99	W
17													流道内水的流动速度	0.00	m/s
18													流道内强制对流换热系数	11.12	
19													效率因子	1.04	
20													迁移因子	1.01	
21													工质平均温度	94.15	℃
22										假定与计算差值	0.0000007	℃	集热板温度	47.06	℃
23										A	0.90		瞬时效率	0.78	
24										B	2.73				

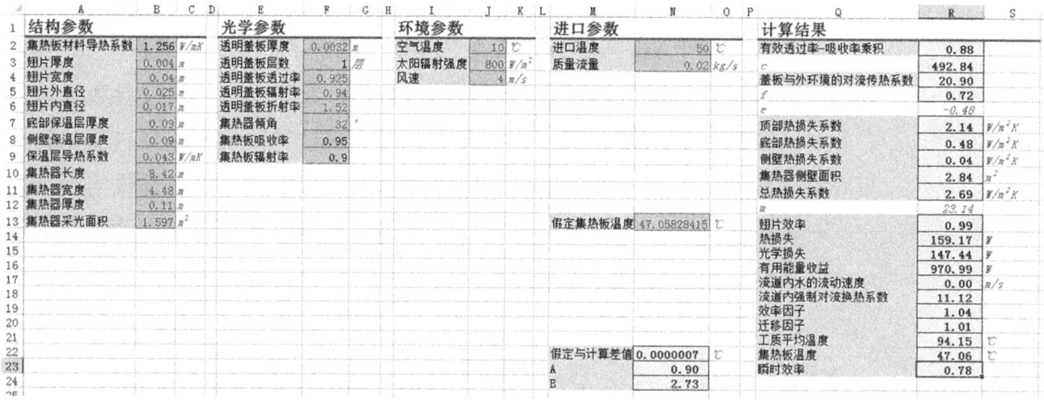

图 4-2　钒钛黑瓷太阳能集热器热性能计算界面

4.2　参照模型

　　由前文的分析可以看出，提高太阳能集热器热性能的关键在于提高有效透过率—吸收率乘积及降低总热损失系数。本小节参考 Miroslaw Zukowski[①] 及高腾[②] 等的研究设计了一个钒钛黑瓷太阳能集热器的参照模型，其模型实物如图 4-3 所示，设计参数如表 4-1 所示。对于钒钛黑瓷太阳能集热器，集热板的吸收率与辐射率基本为固定值，其他因素则根据集热器的不同设计有所变化。需要解释的是，按照上小节介绍的计算法，经大量计算分析后发现，当设计参数中的进口温度取值增高时，可明显减少迭代计算次数，提高研究效率。因本节主要研究对象为钒钛黑瓷太阳能集热器的设计参数，进口温度取较高值 50℃ 也可获得较为准确的趋势分析结果。经计算，该参照模型的迁移因子为 0.97，有效透射率—吸收率乘积为 0.88，总热损系数为 3.50W/m²℃，瞬时效率为 0.71。参照模型的瞬时效率方程如式（4-1）所示。

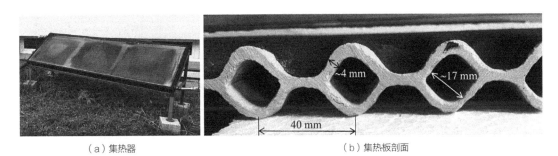

（a）集热器　　　　　　　　　　　（b）集热板剖面

图 4-3　钒钛黑瓷太阳能集热器参照模型实物

钒钛黑瓷太阳能集热器参照模型设计参数　　　　　　　　表 4-1

项目		数值	单位
环境	空气温度	10	°
	太阳辐照强度	800	W/m²
	风速	4	m/s
集热器	长度	2.3	m
	宽度	0.76	m
	厚度	0.11	m
	采光面积	1.597	m²
	倾角	32	°

① Miroslaw Zukowski，Grzegorz Woroniak. Experimental testing of ceramic solar collectors[J]. Solar Energy，2017，146：533-535.

② 高腾. 平板太阳能集热器的传热分析及设计优化 [D]. 天津：天津大学，2011：34.

项目		数值	单位
集热板（钒钛黑瓷）	翅片宽度	0.04	m
	翅片厚度	0.004	m
	发射率	0.90	—
	吸收率	0.94	—
	导热系数	1.256	W/m℃
	流道外直径	0.025	m
	流道内直径	0.017	m
盖板（超白低铁布纹钢化玻璃）	层数	1	—
	厚度	0.0032	m
	透过率	0.925	—
	折射率	1.520	—
	辐射率	0.940	—
保温层（矿棉）	厚度	0.04	m
	导热系数	0.045	W/m℃
工质	进口温度	50	℃
	质量流量	0.02	kg/s

$$\eta = 0.85 - 3.41T_{\mathrm{m}}^{*} \tag{4-1}$$

4.3　不同参数对集热器热性能的影响

本小节将在上述参照模型的基础上分别单独变化空气温度、太阳辐照强度、采光面积、翅片宽度、翅片厚度、透明盖板层数、透明盖板厚度、透明盖板透过率、透明盖板折射率、质量流量和进口温度等指标，探讨这些指标对钒钛黑瓷太阳能集热器性能影响的程度，为实现集热器的设计优化奠定基础。在下文中，每项指标对集热器热性能的影响都将以 3 张曲线图展示，分别代表其对工质平均温度和集热板温度，能量的损失和收益，翅片效率、效率因子、迁移因子和瞬时效率的影响。

4.3.1　空气温度的影响

改变空气温度，保持其他参数不变，计算结果如图 4-4 ~ 图 4-6 所示。随着空气温度的升高，平均工质温度和集热板温度逐渐升高。其中，工质平均温度升高幅度较大，且与空气温度的升高呈线性关系；集热板温度升高的幅度随空气温度的升高而不断增大。空气温度的升高对光学损失没有影响，却能显著降低热损失，故可以提高有用能量收益。虽然空气温度对集热器的翅片效率、效率因子和迁移因子几乎没有影响，但对瞬时效率有较大影响。这是

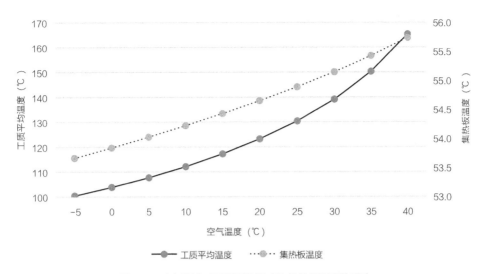

图 4-4　空气温度对工质平均温度和集热板温度的影响

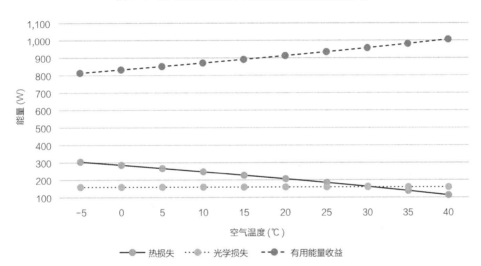

图 4-5　空气温度对能量损失和收益的影响

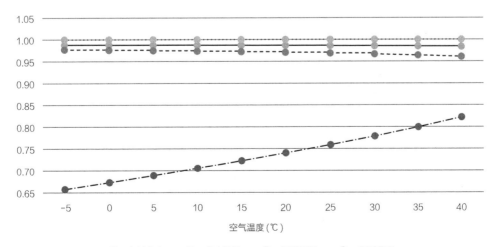

图 4-6　空气温度对翅片效率、效率因子、迁移因子和瞬时效率的影响

因为随着空气温度的升高，集热板和环境温度之间的温差减小，热损失减少，故效率提高。

　　在本小节的分析中，关于工质平均温度与集热板温度有两点需要解释。一是为方便迭代计算，参照模型中的进口温度取值较高，工质平均温度一般也较高，但仍可明显判断工质温度变化的趋势。二是由于钒钛黑瓷材料的导热系数很低，工质平均温度与集热板温度之间的温差相对较大，这点可由现有研究[①]得到佐证。

4.3.2　太阳辐照强度的影响

　　改变太阳辐照强度，保持其他参数不变，计算结果如图 4-7 ~ 图 4-9 所示。工质平均温度和集热板温度基本均随着太阳辐照强度的增加而线性增加，且工质平均温度的增加幅度较

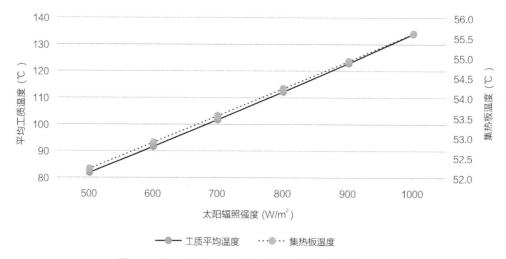

图 4-7　太阳辐照强度对平均工质温度和集热板温度的影响

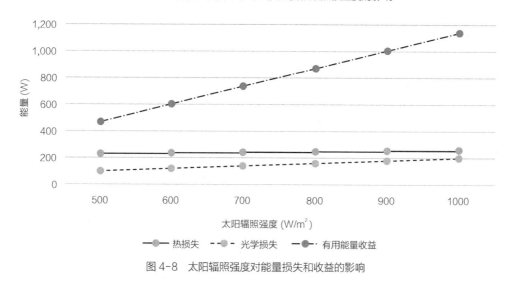

图 4-8　太阳辐照强度对能量损失和收益的影响

① 高腾. 平板太阳能集热器的传热分析及设计优化 [D]. 天津：天津大学，2011：35.

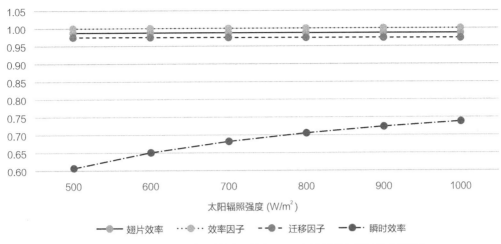

图4-9　太阳辐照强度对翅片效率、效率因子、迁移因子和瞬时效率的影响

大。太阳辐照强度的增加对热损失几乎没有影响，甚至小幅提高了光学损失，但对有用能收益还是有着显著的积极作用。太阳辐照强度对集热器的翅片效率、效率因子和迁移因子几乎没有影响，而对瞬时效率有着较大影响。这是因为随着太阳辐照强度的增加，集热器的有用能较快增加，集热板的温度和热损失缓慢增加，集热效率提高。

4.3.3　采光面积的影响

改变采光面积，保持其他参数不变，计算结果如图4-10～图4-12所示。随着采光面积的增加，工质平均温度和集热板温度均增大，且工质平均温度的增幅较大。集热器的光学损失、热损失和有用能量收益均随着采光面积的增大而增大；然而由于进口质量流量有限，当采光面积增大到一定程度时，集热器的热损失量将超过有用能量收益量。采光面积对集热器的翅片效率和效率因子几乎没有影响，对迁移因子和瞬时效率有较大影响。这是由于参照进

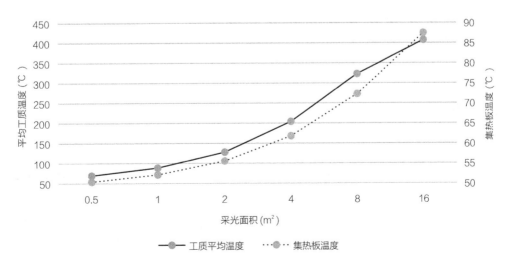

图4-10　采光面积对平均工质温度和集热板温度的影响

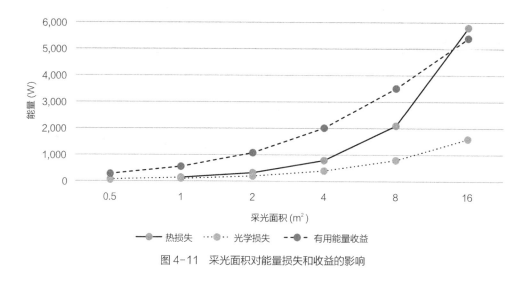

图 4-11　采光面积对能量损失和收益的影响

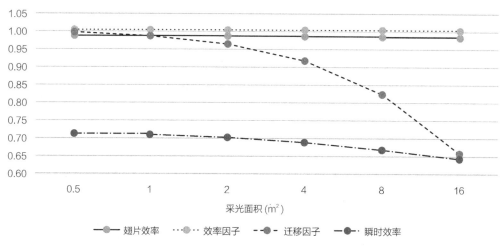

图 4-12　采光面积对翅片效率、效率因子、迁移因子和瞬时效率的影响

口流量不变，当集热面积不断增大时，工质无法及时将集热板所吸收的热能传递到用能末端，造成能源浪费，所以采光面积越大，集热效率越低。在本例中，当采光面积由 $0.5m^2$ 增加到 $8m^2$，瞬时效率下降了 9.86%。

4.3.4　翅片宽度的影响

改变翅片宽度，保持其他参数不变，计算结果如图 4-13 ~ 图 4-15 所示。翅片宽度应不小于流道的外径，且对集热器的热性能影响较大。翅片宽度的增加虽然增大了与集热盖板相平行的集热面积，但集热板吸收到的热量向流道输送的距离有所增加，而钒钛黑瓷材料的导热性能很差，所以工质平均温度在一定范围内小幅增加后大幅下降。然而由于翅片的厚度不变，且壁厚较小，增大翅片宽度可提高集热板自身的温度，且其温度升高的幅度与翅片宽度增大的趋势基本呈线性关系。翅片宽度对集热器的光学损失几乎没有影响，但其增加会带来

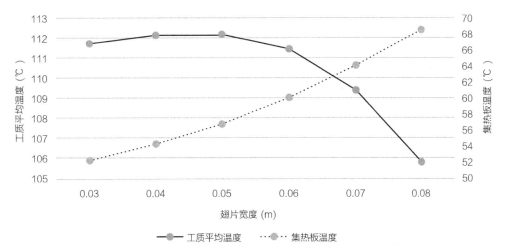

图 4-13　翅片宽度对工质平均温度和集热板温度的影响

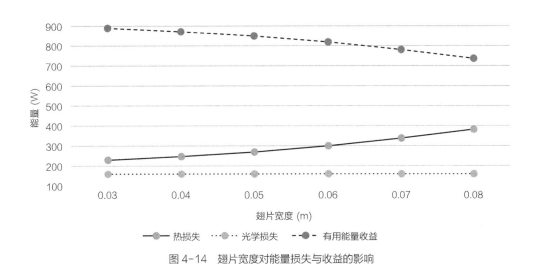

图 4-14　翅片宽度对能量损失与收益的影响

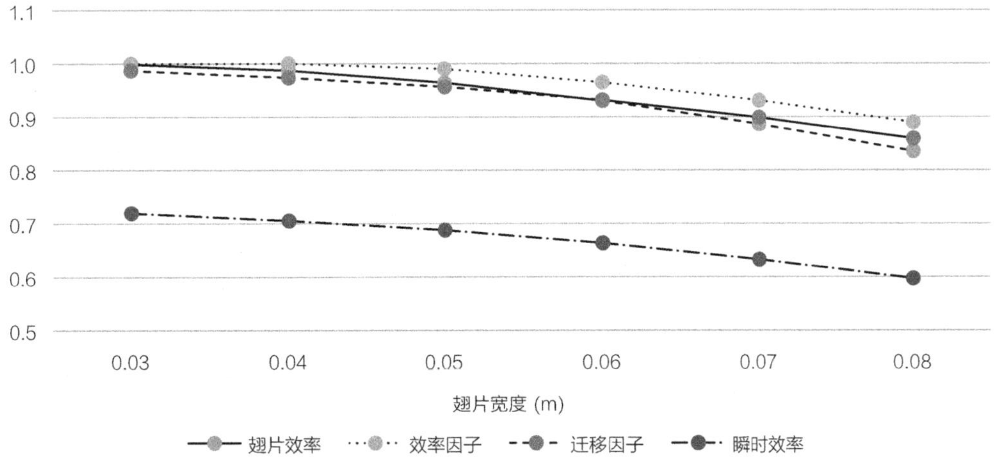

图 4-15　翅片宽度对翅片效率、效率因子、迁移因子和瞬时效率的影响

热损失的增大与有用能收益的减小。翅片宽度的增加还会带来翅片效率、效率因子、迁移因子及瞬时效率的降低。这是因为翅片宽度增加会导致其温度增加，热损失增加，有用能减少，即当采光口总能量不变时，集热器效率降低。在本例中，当翅片宽度由 30mm 增加到 80mm 时，集热器的瞬时效率降低了 16.67%。

4.3.5 翅片厚度的影响

改变翅片厚度，保持其他参数不变，计算结果图 4-16～图 4-18 所示。增加翅片厚度，会降低平均工质温度和集热板温度；但当翅片厚度较大时，降低的幅度较小。翅片厚度对于光学损失几乎没有影响，而对于热损失及有用能收益有不显著的积极影响。整体而言，翅片效率、效率因子、迁移因子和瞬时效率均随翅片厚度的增加而提高。这是因为翅片厚度增加后，集热板的温度降低，热损失减小，有用能增加，即在采光口总能量不变的情况下，其

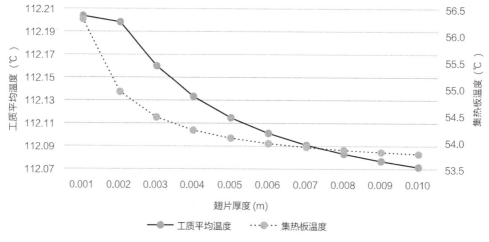

图 4-16　翅片厚度对工质平均温度和集热板温度的影响

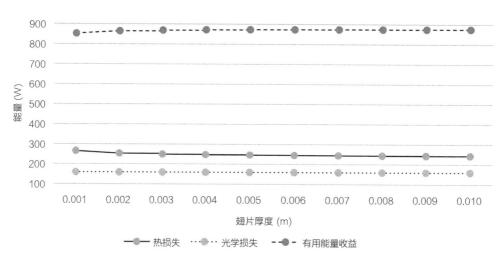

图 4-17　翅片厚度对能量损失和收益的影响

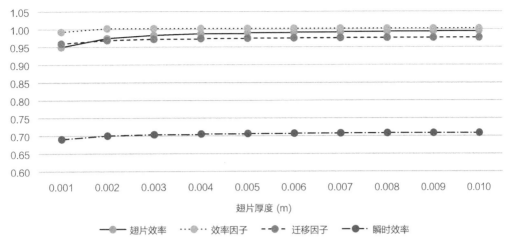

图 4-18 翅片厚度对翅片效率、效率因子、迁移因子、瞬时效率的影响

热效率提高。在本例中，当翅片的厚度从 1mm 增加到 4mm 时，瞬时效率的增量较大，为 2.82%；而当翅片厚度从 4mm 增加到 10mm 时，瞬时效率几乎不再提高。这说明，对于钒钛黑瓷太阳能集热器的优化设计来说，持续增加翅片厚度并不会明显改善其热性能。

4.3.6 盖板层数的影响

改变盖板层数，保持其他参数不变，计算结果如图 4-19～图 4-21 所示。随着盖板层数的增加，工质平均温度和集热板温度均有所上升，且 1 层增加至 2 层时的上升幅度大于 2 层增加至 3 层时的上升幅度。增加透明盖板层数，对集热器的能力损失及收益也有着积极的影响。透明盖板层数对翅片效率、效率因子和迁移因子几乎没有影响，对有效透过率—吸收率乘积有一定影响，进而对瞬时效率产生较大影响。采用同参照集热器的透明盖板，当其层数由 1 层增加到 2 层时，瞬时效率提高 18.31%；当由 2 层增加到 3 层时，瞬时效率仅提高 2.38%。可见，增加透明盖板层数对改善集热器的热性能有一定效果；但随着层数的增加，效率的增量减少。

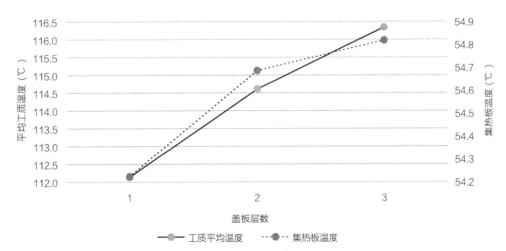

图 4-19 盖板层数对工质平均温度和集热板温度的影响

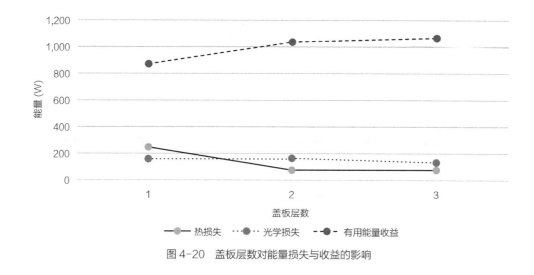

图 4-20 盖板层数对能量损失与收益的影响

图 4-21 盖板层数对翅片效率、效率因子、迁移因子、瞬时效率的影响

4.3.7 盖板厚度的影响

改变盖板厚度，保持其他参数不变，计算结果如图 4-22 ~ 图 4-24 所示。当单片透明盖板的厚度增加时，工质平均温度与集热板温度均有小幅上升。盖板厚度对集热器的热损失几乎没有影响，对光学损失和有用能量收益有不显著的积极影响。透明盖板厚度对翅片效率、效率因子和迁移因子几乎没有影响，对瞬时效率有一定影响。在本例中，当透明盖板厚度由 3mm 增加至 12mm 时，瞬时效率提高了 2.86%。总体而言，增加透明盖板厚度对集热器性能影响不大。

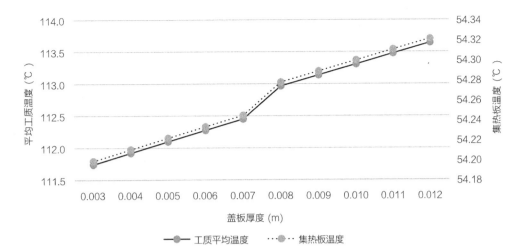

图 4-22 盖板厚度对平均工质温度、集热板温度的影响

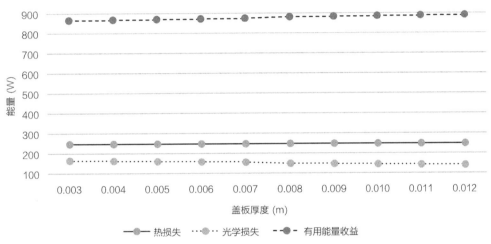

图 4-23 盖板厚度对能量损失与收益的影响

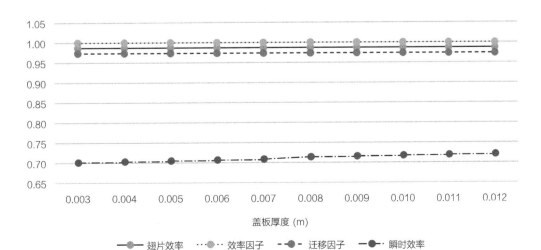

图 4-24 盖板厚度对翅片效率、效率因子、迁移因子和瞬时效率的影响

4.3.8 盖板透过率的影响

改变盖板透过率，保持其他参数不变，计算结果如图 4-25～图 4-27 所示。工质平均温度和集热板温度随着盖板透过率的增大均呈线性增加，但幅度不大。集热器的热损失不受盖板透过率的影响，光学损失和有用能量收益受其积极影响。透明盖板的透过率对翅片效率、效率因子和迁移因子几乎没有影响，对瞬时效率有较大影响。在本例中，当透明盖板透过率从 0.82 增大到 0.96 时，瞬时效率提高了 21.31%。所以，采用透光率高的透明盖板，如超白玻璃，对集热器效率至关重要。

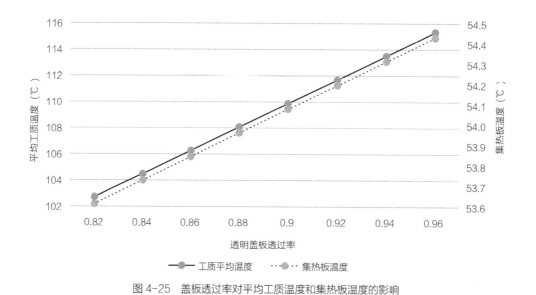

图 4-25　盖板透过率对平均工质温度和集热板温度的影响

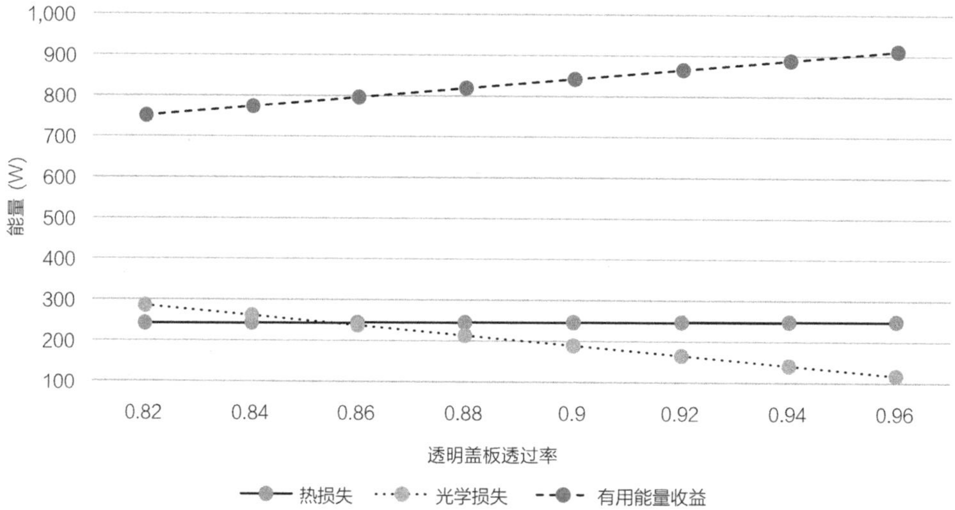

图 4-26　盖板透过率对能量损失与收益的影响

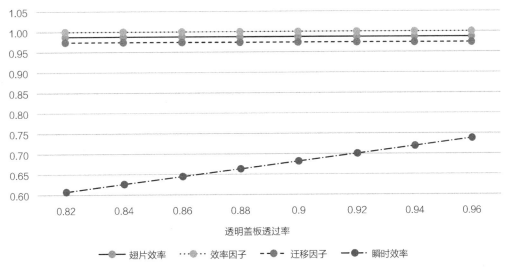

图 4-27 盖板透过率对翅片效率、效率因子、迁移因子和瞬时效率的影响

4.3.9 盖板折射率的影响

改变盖板折射率，保持其他参数不变，计算结果如图 4-28～图 4-30 所示。从材料的角度分析，有机材料的折射率一般在 1.49 左右，普通玻璃材料的平均值在 1.52 左右，而透明塑料材料的平均值在 1.59 左右。增大透明盖板折射率对平均工质温度和集热板温度有微弱的负面影响，对集热器能量的损失与收益及对翅片效率、效率因子、迁移因子、瞬时效率几乎没有影响。总体而言，透明盖板折射率对于集热器性能的影响并不明显。

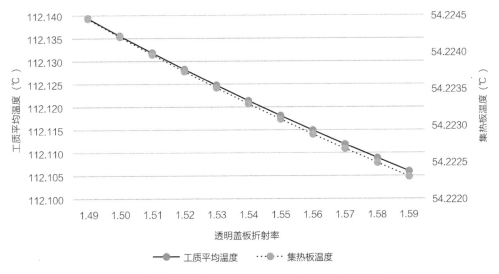

图 4-28 盖板折射率对平均工质温度和集热板温度的影响

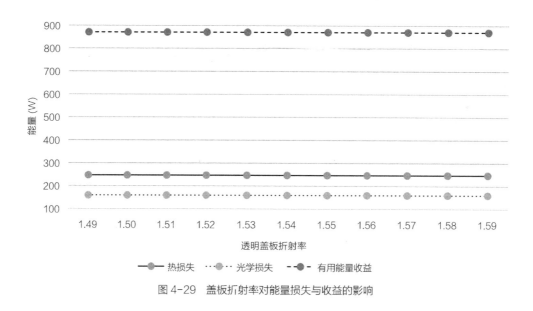

图 4-29 盖板折射率对能量损失与收益的影响

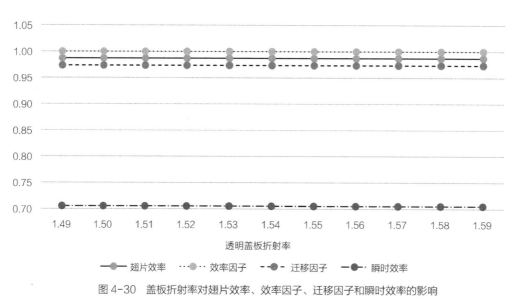

图 4-30 盖板折射率对翅片效率、效率因子、迁移因子和瞬时效率的影响

4.3.10 质量流量的影响

改变质量流量，保持其他参数不变，计算结果如图 4-31 ~ 图 4-33 所示。平均工质温度和集热板温度随质量流量的增大而较快降低，但逐渐趋于平稳。质量流量的增大对集热器的光学损失没有影响，而对热损失及有用能量有小幅积极影响。翅片效率、效率因子和瞬时效率几乎不受质量流量的影响；迁移因子随质量流量的增大而略有增大，亦逐渐趋于平稳。这说明，在采光面积固定的情况下，增大流量虽然对集热器效率几乎没有影响，但却会影响工质的输出温度。

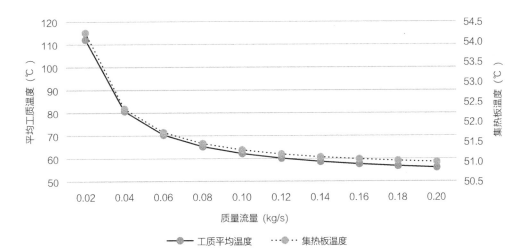

图 4-31　质量流量对平均工质温度和集热板温度的影响

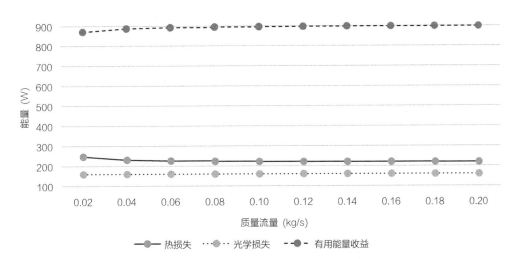

图 4-32　质量流量对能量损失和收益的影响

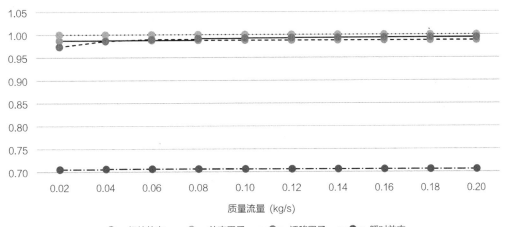

图 4-33　质量流量对翅片效率、效率因子、迁移因子和瞬时效率的影响

4.3.11 进口温度的影响

改变进口温度，保持其他参数不变，计算结果如图 4-34 ~ 图 4-36 所示。工质平均温度和集热板温度均随着进口温度的升高呈线性升高趋势，且工质平均温度的升幅较大。进口温度的升高对集热器的光学损失没有影响，对热损失和有用能量收益有着消极影响。进口温度对效率因子几乎没有影响，对翅片效率和迁移因子有微弱的负面影响，而对其瞬时效率影响很大。这是因为随着进口温度的升高，集热板温度升高，故集热板与环境之间的温差增大，热损失增大，而有用能减小，即当采光口总能量保持不变时，集热器效率降低。

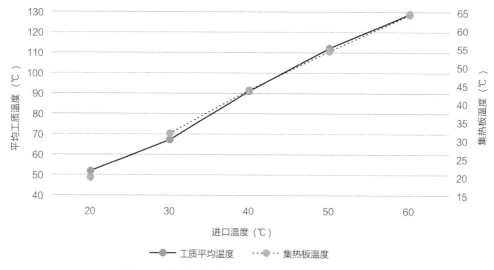

图 4-34 进口温度对工质平均温度和集热板温度的影响

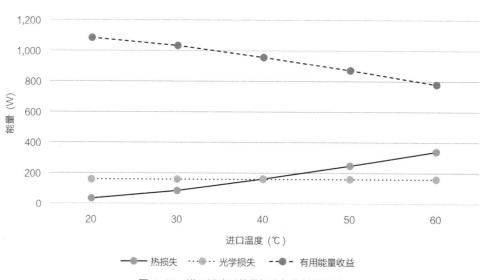

图 4-35 进口温度对能量损失与收益的影响

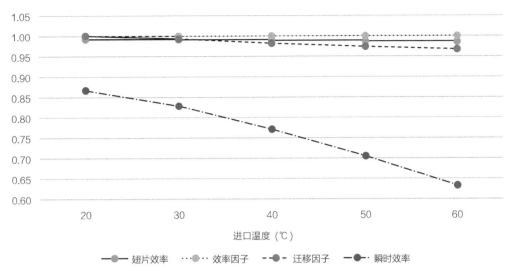

图 4-36 进口温度对翅片效率、效率因子、迁移因子和瞬时效率的影响

4.4 优化模型

由上节的分析可以看出，各种参数的变化对钒钛黑瓷太阳能集热器的热性能都会产生一定的影响。这些参数大致可以分为 3 种，即环境条件参数、集热器设计参数与集热器运行参数。其中，空气温度、太阳辐照强度、采光面积、质量流量与进口温度一般与自然条件或用户需求密切相关，本小节仅对集热器其他方面的设计参数进行优化。这些参数及其变化对集热器效率带来的影响总结如表 4-2 所示。可见，提高钒钛黑瓷太阳能集热器效率的最有效方式为增大盖板透过率、增加盖板层数和减小翅片宽度（灰色底纹项目），其次为增大盖板厚度和增大翅片厚度。

<table>
<tr><td colspan="5" align="center">钒钛黑瓷太阳能集热器的参数变化对瞬时效率的影响</td><td align="right">表 4-2</td></tr>
<tr><td colspan="2" align="center">参数</td><td align="center">参数变化</td><td align="center">瞬时效率变化</td></tr>
<tr><td rowspan="2">翅片</td><td>宽度</td><td>30mm → 80mm</td><td>−16.67%</td></tr>
<tr><td>厚度</td><td>1mm → 4mm</td><td>+2.82%</td></tr>
<tr><td rowspan="3">盖板</td><td>层数</td><td>1 层 → 2 层</td><td>+18.31%</td></tr>
<tr><td>厚度</td><td>3mm → 12mm</td><td>+2.86%</td></tr>
<tr><td>透过率</td><td>0.82 → 0.96</td><td>+21.31%</td></tr>
</table>

根据以上分析，本研究在保持环境条件参数、集热器运行参数及其他集热器设计参数不变的前提下，对参照模型的盖板透过率、盖板层数和翅片宽度进行了合理范围内的变动，设计出了如表 4-3 所示的钒钛黑瓷太阳能集热器优化模型。经计算可得，该优化模型的迁移因子为 0.98，有效透射率—吸收率乘积为 0.92，总热损失系数为 $3.25W/m^2℃$，瞬时效率为 0.88，较参照模型提高 23.94%。优化模型的瞬时效率方程如式（4-2）所示。

钒钛黑瓷太阳能集热器优化模型设计参数　　　表4-3

项目		数值	单位
集热板（钒钛黑瓷）	翅片宽度	0.03	m
	翅片厚度	0.004	m
	发射率	0.90	—
	吸收率	0.94	—
	导热系数	1.256	W/m℃
	流道外直径	0.025	m
	流道内直径	0.017	m
盖板（超白低铁布纹钢化玻璃）	层数	2	—
	厚度	0.0032	m
	透过率	0.96	—
	折射率	1.52	—

$$\eta = 0.90 - 3.71 T_{\mathrm{m}}^{*} \tag{4-2}$$

4.5　本章小结

针对钒钛黑瓷太阳能集热器设计了热性能计算方法，指定了参照模型，分别分析了空气温度、太阳辐照强度、采光面积、翅片宽度、翅片厚度、盖板层数、盖板厚度、盖板透过率、质量流量及进口温度对其的影响，由此设计出优化的集热器模型。将优化模型与参照模型进行对比，其瞬时效率提高了23.94%。

5

钒钛黑瓷太阳能集热器的
功能优化

　　在建筑应用中，普通的太阳能空气集热器适用于冬季采暖季和秋冬、冬春的过渡季节，全年利用率不高；常规的用于建筑采暖的Trombe 墙等太阳能被动采暖技术，在非采暖季存在闲置现象，在炎热的夏季甚至会造成建筑过热。针对上述问题，将热风、热水功能进行耦合，结合空气集热和水集热的换热特点，集成双效太阳能集热器，采暖季以提供热空气采暖为主，其他季节以提供热水为主，可以大大提升系统的经济性和太阳能利用率。

　　本章基于已有的陶瓷太阳能集热板，提出了一种双效集热原理，研制了一种新型的耦合热水热风两种功能的双效陶瓷太阳能集热器。该集热器可以与管路和散热末端一起构成供暖及供水系统，实现单独供应热水或热风和同时供应热水与预热新风的三种供能，使系统能够更加高效地利用太阳能、降低造价，并能够与建筑更好地实现一体化设计。

　　通过 CFD 计算机软件模拟和实验测试的方法来研究双效陶瓷太阳能集热器的热性能。首先建立计算模型，利用 CFD 软件模拟集热器在热水热风双效供应的情况下的工况，确定集热器中透明盖板与集热板之间空气间层的最佳厚度以及空气流动的最佳风速与风量；然后在此基础上利用该计算数值搭建实验平台，测试标准环境中热水器的日得热量和集热效率，以及冬春季单独热水、单独热风、热水热风双效的热性能。

5.1　双效设计

5.1.1　双效太阳能集热器研究现状

5.1.1.1　金属平板双效太阳能集热器

　　齐树菜[①] 在住宅中安装管板式太阳能集热器，非冻季节每天可提供 40℃以上的热水不低于 90L，冬季将集热器内水排空，利用玻璃盖板和集热板之间的空腔加热空气，为室内提供热风的自然循环，提高室温 2.5～4.5℃。

---

① 齐树菜. 太阳能热水—热风器在住宅上的应用 [J]. 建筑技术通讯（给水排水），1983，06：16-18.

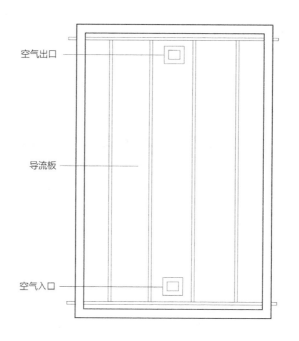

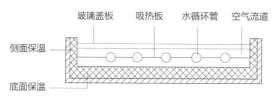

图 5-1　金属平板双效太阳能集热器结构

赵东亮等[①]对金属平板集热器进行改造，强化空气与吸热板之间的对流换热，可以单独使用空气、水或同时以空气和水作为集热工质（图 5-1）。经过实验测得该类型集热器在单独水循环和单独空气循环下的平均集热效率（表 5-1）。该复合集热器在采暖季作为空气集热器使用，集热效率在 55%～65% 之间，避免了平板集热器用水作为循环工质容易冻裂的弊端；在非采暖季，集热器可作为热水器使用，集热效率在 32%～34% 之间。虽然设计者认为在满足防冻的前提下，水与空气可同时循环运行，但是没有阐明该方面的实验数据。

复合太阳能集热器平均集热效率　　　　　　　　　表 5-1

	水循环	空气循环
55° 倾角	34.25%	58.96%
90° 倾角	32.5%	60.01%

① 赵东亮，代彦军，李勇. 空气—水复合平板型太阳能集热器 [J]. 可再生能源，2011，03：108-111.

季杰等[1][2][3]将普通的金属平板热水器与 Trombe 墙结合（图 5-2），进行了太阳能双效集热器系统实验研究。该系统冬季可被动式采暖加热空气，实验测试证明，室内空气温度相对环境温度平均升高 19.9℃；非采暖季节，该系统提供生活热水，系统集热效率为 52.8%。夏季，该集热器系统不但不会引发室内过热现象，还能在一定程度上改善室内热环境，降低房间全天冷负荷。冬季，室内空气具有温度分层的情况。另外，选用不同性能的选择性涂层，集热器热性能有差异。

郭超等[4]设计了上流道式（图 5-3）和双流道式（图 5-4）两种双效集热器，建立理论模型进行计算分析，着重研究了作为空气集热器，不同流道设计的空气集热效率。认为随着空气质量流量增加，两种集热器集热效率升高，但是净有效能降低；上流道式集热器流道的适宜高度为 15mm，双流道式集热器流道的适宜高度为 15～25mm；空气流量较大时，双流道的效率更高。

I. Jafari 等[5]通过实验证明，空气与水耦合的双效集热器相对于单一介质的集热器具有更高的集热效率，并且对于三角形通道的金属平板集热器来说，60℃水温下集热效率最好。M. R. Assari 等[6]对比了金属平板双效集热器中三种不同通道类型，模拟研究表明，矩形翅片的集热器集热效率最高，而且双效集热器相对于单独加热水或空气的集热器来说具有更高的热性能。M. K. Lalji 等[7]通过实验研究，分析得出了采用流道填充层的空气集热器热性能。Omid Nematollahi 等[8]基于金属平板集热器，在金属吸热板的下部设置了 V 形空气流道，

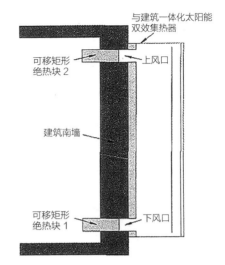

图 5-2 与 Trombe 墙结合的双效太阳能集热器

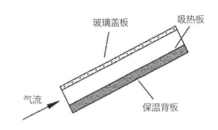

图 5-3 上流道式双效太阳能集热器

① 季杰，罗成龙，孙炜，等. 一种新型的与建筑一体化太阳能双效集热器系统的实验研究 [J]. 太阳能学报，2011，02：149-153.
② 季杰，罗成龙，孙炜，等. 与建筑一体化太阳能双效集热器系统在夏季工作时对建筑负荷的影响 [J]. 科学通报，2010，03（55）：289-295.
③ 季杰，罗成龙，孙炜，等. 与建筑一体化太阳能双效集热器系统在被动采暖工作模式下的模拟和实验研究 [J]. 科学通报，2010，13（55）：1294-1299.
④ 郭超，马进伟，何伟. 平板型太阳能双效集热器空气集热性能的理论分析 [J]. 安徽建筑工业学院学报（自然科学版），2013，10（21）：100-104.
⑤ I. Jafari, A. Ershadi, E. Najafpour, et al. Energy and energy analysis of dual purpose solar collector[J]. World Academy of Science, Engineering and Technology, 2011, 81：259-261.
⑥ M. R. Assari, H. Basirat Tabrizi, I. Jafari. Experimental and theoretical investigation of dual purpose solar collector[J]. Solar Energy, 2011, 85：601-608.
⑦ Lalji M. K., Sarviya R. M., Bhagoria J. I. Energy evaluaton of packed bed solar air heater[J]. Renewable and Sustainable Energy Reviews, 2012, 16（8）：6262-6267.
⑧ Omid Nematollahi, Pourya Alamdari, Mohammad Reza Assari. Experimental investigation of a dual purpose solar heating system[J]. Energy Conversion and Management, 2014, 78：359-366.

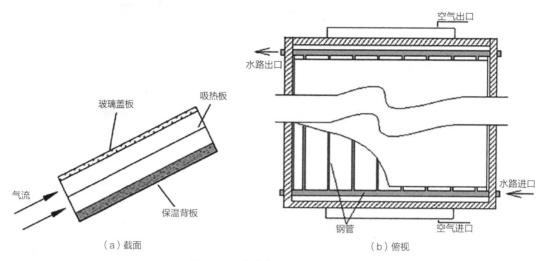

（a）截面　　　　　　　　　　　（b）俯视

图 5-4　双流道式双效太阳能集热器

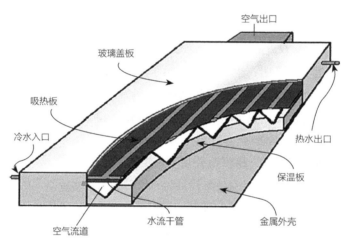

图 5-5　与 V 形空气流道结合的双效平板太阳能集热器

形成双效平板太阳能集热器（图 5-5），并组合垂直储水槽形成集热系统，水和空气在集热器中同时分别进行自然循环和强制对流，或者单独循环工作。研究结果表明，当空气流速分别为 2.8m/s 和 3.2m/s 时，双效集热系统的集热效率分别为 71.6% 与 72.3%，比单效系统效率高出 3% ~ 5%，水温可升至 65.2℃。

5.1.1.2　金属吸热板与玻璃真空管相结合的双效太阳能集热器

陈宇等[①] 将开有小孔的钢制集热板压轧成褶皱状，板背面褶皱处与玻璃真空管焊接，安装于南向墙体，并用钢框架固定，与墙形成间距约为 200mm 的空腔体。阳光照射时，真空管内水被加热，供生活使用；同时集热板吸收热量，加热的空气由小孔进入空腔，最终在风

───────────────

① 陈宇，郭菲菲，张豪剑，等. 一种新型太阳能集热器及其应用分析 [J]. 知识经济，2012，17：99.

机作用下引入房间，实现热风、热水的同步供给。但是该方案停留在理论设计阶段，尚未进行模拟分析或实验研究。

5.1.2 双效钒钛黑瓷太阳能集热器的构成

结合现有的钒钛黑瓷太阳能集热板，集成双效钒钛黑瓷太阳能集热器，主要组成部分包括：钒钛黑瓷集热板、玻璃盖板、保温板和铝合金外壳（图 5-6）。

工厂生产的钒钛黑瓷集热板成品单元有 610mm×610mm×26mm、700mm×700mm×26mm、800mm×800mm×28mm、1020mm×1020mm×34mm 等不同规格，壁厚 3±1mm，每平方米自重分别为 17kg、18kg、19kg、22kg，每平方米容水量分别是 12L、12L、12.5L、13.8L。瓷质基体，向阳面是立体网状钒钛黑瓷。可根据集热量的需要和安装的

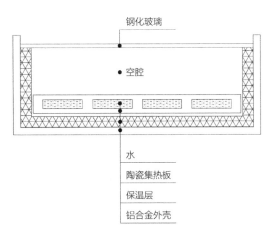

图 5-6 双效钒钛黑瓷太阳能集热器剖面示意

需求确定集热板的规格尺寸和数量。板与板之间用硅橡胶管进行软连接，用钢丝箍卡紧固定。

玻璃盖板采用钢化低铁超白玻璃。该类型玻璃抗冲击强度为普通玻璃的 4~5 倍，抗弯强度为普通玻璃的 3 倍，更耐冰雹，抗固体冲击能力强，耐疲劳老化性高，透明度高，厚度小，质量轻。

集热板与铝合金外壳之间用橡塑材料填充作保温层，其他可见缝隙用聚氨酯泡沫填缝剂进行填注。

为了形成空气流动，在集热器的左右两侧各开启一个 100mm×100mm 的洞口，右下的洞口为进风口，左上的洞口安装风机。出风口处安装风管，将风管与室内连接，采用主动方式进行加热送风（图 5-7）。

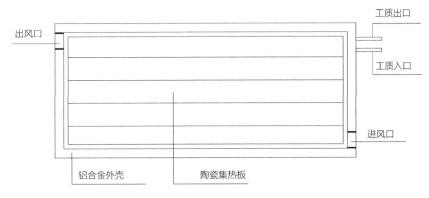

图 5-7 双效钒钛黑瓷太阳能集热器正立面

5.1.3　双效钒钛黑瓷太阳能集热系统的运行原理

双效钒钛黑瓷太阳能集热器结合储热水箱、小型风机可开启单独热水、单独热风以及热水与热风同时进行的三种工作模式（图5-8）。

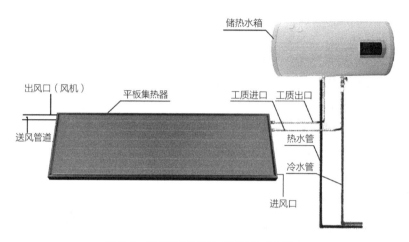

图5-8　双效钒钛黑瓷太阳能集热系统示意

夏季，该集热器可作为普通的非承压式热水器利用自然压差进行使用。如果该集热系统只提供生活热水，风机不需启动；如果集热器面积较大可提供冬季采暖所需热水，为了防止集热器夏季过热，可开启风机，起到一定的降温作用。

冬季和秋冬、冬春过渡季节，当以空气供暖需求为主时，可以暂停上水，上午打开风机，利用太阳辐射加热室外新鲜空气，并通过风管将排风口的预热新风送入室内。下午太阳辐射减弱后关闭风机。如需同时供应热水，可打开上水，实现热水与热风的双效供应，但预热空气的温度会有所降低。

为了防冻，可采用夜晚回流排空技术或者储热水箱使用双循环，集热器中使用防冻介质。如此设计，集热器夏季不怕空晒，冬季不怕冰冻，适应气候能力极强。

5.2　理论模拟研究

5.2.1　研究内容

双效钒钛黑瓷太阳能集热器具有空气集热器的作用，其集热效率与空气间层的厚度和风量的大小具有密切联系，这也是本课题的研究内容之一。

集热板与玻璃盖板之间选择合理间距，能够减少对流损失，提高集热效率，国内外对此已进行了比较深入的探讨。国内外文献根据平板夹层内空气自然对流换热机理提出了最佳间距的不同数值，但有一点结论是共同的，即透明盖板与吸热板之间的距离应大于20mm。[①]中

---

① 陈则韶，葛新石. 确定对流热损小的平板集热器空气夹层最佳间距的理论和实验研究 [J]. 太阳能学报，1985，6（3）：68-78.

国科技大学陈则韶等[1]科研人员经研究认为，平板集热器的吸热板与盖板的最终温差为10~70℃时，分别对应为78~41mm的间距，一般取60mm。陶瓷集热板因生产模具的原因，表面有横向的凹槽，形成了类似空气集热器中金属集热板导流板的形状。导流板能够改变空气流道截面积，空气在流道内的流速增大，同时导流板也起到了肋片的作用，强化了空气与吸热板芯之间的对流换热。[2][3][4]李宪莉[5]等对有玻璃盖板的冲缝型空气集热器的热性能进行了研究，为了保证具有较好的集热效率和小的压损，集热器的空气间层厚度选取了100mm，在此基础上改变集热器高度、送风量、空气进口温度、辐射强度等因素，总结出以上因素对集热器热性能的影响。研究结果表明，集热器的结构尺寸选取得当，能够达到较高的集热效率。综上所述，在已有研究的基础上，结合模型制作、空气流动阻力、提供新风量的能力等多方面的因素，双效陶瓷集热器采用100mm的间距进行模拟与实验。

风量是影响空气集热器集热效率的重要因素，目前国内外学者关于系统风量对其热性能的影响具有一定的研究。魏新利等[6]搭建了金属集热板空气集热器，对0.94m³/h、1.41m³/h、1.87m³/h等3种风量下集热器的热性能进行实验研究，利用CFD软件对集热板模型进行模拟研究，研究表明集热板表面温度和空气温度会随着系统风量的增大而降低，而集热效率会随着风量的增大而升高。另外，他们还探究出了辐射强度为300~700W/m²、室外环境温度为6~12℃范围内各工况下的最佳运行风量。L. H. Gunnewiek等[7]和K. Gawlik等[8]研究了不同的建筑形状和朝向下，无釉渗透型空气集热器的风量的变化影响。叶宏等[9]研究了一种带透明蜂窝的太阳空气加热器，空气质量流量为55kg/h，进出口平均温差为31℃时，其日平均集热效率达64%。高立新等[10]研究得出，渗透型空气集热器中空气温升随风量的增加而减小，集热器集热效率随风量的增加而提高。因为本课题的集热器类型与以上研究均不相同，所以还需

[1] 陈则韶，陈熹，葛新石. 关于平板集热器的最佳间距和蜂窝结构热性能的实验研究[J]. 太阳能学报，1991，02：3-8.
[2] Ben Slama Romdhane. The solar air collectors: Comparative study, introduction of baffles to favor the heat transfer[J]. Solar Energy, 2007, 81: 139-149.
[3] N Moummi, S Youcef-Ali, A Moummi, et al. Energy analysis of a solar air collector with rows of fins. Renewable Energy, 2004, 29: 2053-2064.
[4] E Bikgen, B J D Bakeka. Solar collector systems to provide hot air inrural applications[J]. Renewable Energy, 2008, 33: 1461-1468.
[5] 李宪莉，由世俊，张欢，等. 盖板式冲缝型空气集热器热性能的影响因素研究[J]. 太阳能学报，2012，06（33）：928-936.
[6] 魏新利，郭春杰，孟祥睿，等. 风量对太阳能集热器热性能影响的实验研究[J]. 郑州大学学报（工学版），2012，06（34）：104-107.
[7] Gunnewiek L H, Brundtett E, Hollands K G T. Effect of wind on flow distribution in unglazed transpired plate collectors[J]. Solar Energy, 2002, 72: 317-325.
[8] Gawlik K, Christensen C, Kustecher C. A numerical and experimental investigation of low conductivity unglazed transpired solar air heaters[J]. Solar Energy Engineering, 2005, 127: 153-155.
[9] 叶宏，葛新石. 带透明蜂窝的太阳空气加热器的实验研究[J]. 太阳能学报，2003，24（1）：27-31.
[10] 高立新，孙绍增，王远峰. 无盖板渗透型太阳能空气集热器热性能的实验研究[J]. 节能技术，2012，3（2）：155-158.

要通过 CFD 软件进行模拟，在进、出风口面积一定的情况下，确定最优风速，以此指导下一步实验台的搭建。

5.2.2 模型与分析

5.2.2.1 物理模型

采用三维模型对集热器内空气流动进行数值模拟，下表面为加热面，假设具有恒定的热流密度，其值与太阳辐射一致。集热器三维简化模型如图 5-9 所示。

根据前文的设计，集热器长为 2100mm，空气间层厚度为 100mm。进、出风口尺寸为 100mm×100mm，进风口布置于右下角，出风口布置于左上角。假设太阳辐射为定值，讨论出风口空气温度随进口风速的变化规律。

图 5-9　集热器三维模型

5.2.2.2 数学模型

为了简化空气集热器的换热计算，作了如下假设：

（1）气体满足 Boussinesq 假设；

（2）空气为不可压缩黏性流体；

（3）太阳能集热器底部为吸热板，其吸热后对空气间层进行加热，将吸热板简化为一个内热源，具有恒定的热流密度；

（4）吸热板与玻璃盖板间辐射换热忽略不计；

（5）太阳能集热器壁面热损失忽略不计。

在正交直角坐标系下三维不可压缩稳态流动的控制方程如下：

连续性方程：

$$\frac{\partial u}{\partial x} + \frac{\partial v}{\partial y} + \frac{\partial w}{\partial z} = 0$$

动量方程：

$$u\frac{\partial u}{\partial x} + v\frac{\partial u}{\partial x} + w\frac{\partial u}{\partial x} = -\frac{\partial p}{\partial x} + \mu\left(\frac{\partial^2 u}{\partial x^2} + \frac{\partial^2 u}{\partial y^2} + \frac{\partial^2 u}{\partial z^2}\right)$$

$$u\frac{\partial v}{\partial x} + v\frac{\partial v}{\partial x} + w\frac{\partial v}{\partial x} = -\frac{\partial p}{\partial x} + \mu\left(\frac{\partial^2 v}{\partial x^2} + \frac{\partial^2 v}{\partial y^2} + \frac{\partial^2 v}{\partial z^2}\right)$$

$$u\frac{\partial w}{\partial x} + v\frac{\partial w}{\partial x} + w\frac{\partial w}{\partial x} = -\frac{\partial p}{\partial x} + \mu\left(\frac{\partial^2 w}{\partial x^2} + \frac{\partial^2 w}{\partial y^2} + \frac{\partial^2 w}{\partial z^2}\right)$$

能量方程：

$$u\frac{\partial T}{\partial x} + v\frac{\partial T}{\partial y} + w\frac{\partial T}{\partial z} = -\frac{\lambda}{\rho C_p} + \mu\left(\frac{\partial^2 T}{\partial x^2} + \frac{\partial^2 T}{\partial y^2} + \frac{\partial^2 T}{\partial z^2}\right)$$

式中，u、v、w 为速度，m/s；p 为压强，Pa；ρ 为密度，kg/m³；V 为运动黏性系数，m²/s；T 为温度，K；λ 为导热系数，W/（m·K）；C_p 为比热容，J/（kg·K）。

依据 N-S 方程、能量方程，并借助 k-ε 两方程模型对湍流相进行数值计算。

k-ε 两方程模型由脉动动能 k 和脉动动能耗散率 ε 的输送方程式求得 k 和 ε，确定湍流黏性系数：

$$\mu_T = c_\mu \rho k^2 / \varepsilon$$

通过引入组合量 $\varepsilon = k^{3/2}/1$ 及相关变换后，可得到标准 k-ε 双方程模型的微分方程组：

$$\begin{cases} \dfrac{\partial u_i}{\partial x_i} = 0 \\[2mm] \rho \dfrac{D\overline{v}_j}{Dt} = -\dfrac{\partial p}{\partial x_i} + \mu \dfrac{\partial^2 \overline{u}_j}{\partial x_i \partial x_i} + \dfrac{\partial}{\partial x_i}\left[\mu_T\left(\dfrac{\partial \overline{u}_i}{\partial x_j} + \dfrac{\partial \overline{u}_j}{\partial x_i}\right)\right] + F_j \\[2mm] \rho \dfrac{Dk}{Dt} = -\dfrac{\partial}{\partial x_i} + \left(\dfrac{\mu_{eff}}{\sigma_k}\dfrac{\partial k}{\partial x_i}\right) + \mu_T\left(\dfrac{\partial \overline{u}_i}{\partial x_j} + \dfrac{\partial \overline{u}_j}{\partial x_i}\right)\dfrac{\partial \overline{u}_j}{\partial x_j} - \rho C_D \varepsilon \\[2mm] \rho \dfrac{D\varepsilon}{Dt} = \dfrac{\partial}{\partial x_i}\left(\dfrac{\mu_{eff}}{\sigma_\varepsilon}\dfrac{\partial \varepsilon}{\partial x_i}\right) + C_i \dfrac{\varepsilon}{k}\mu_T\left(\dfrac{\partial \overline{u}_i}{\partial x_j} + \dfrac{\partial \overline{u}_j}{\partial x_i}\right)\dfrac{\partial \overline{u}_j}{\partial x_j} - C_2 \rho \dfrac{\varepsilon^2}{k} \\[2mm] \mu_T = C_\mu \rho \dfrac{k^2}{\varepsilon} \end{cases}$$

方程组中各个物理量的意义为：u_i 表示 i 方向的平均速度；μ 是气体的黏性系数；μ_T 表示湍流黏性系数；$\mu_{eff} = \mu + \mu_T$；F_j 表示 j 方向的外力；k 为湍流脉动动能。

5.2.2.3　边界条件

本文以空气间层为研究对象，空气间层的右侧为速度入口，左侧为压力出口，下表面为一内热源，具有恒定的热流密度，上表面绝热，边界条件如下：

入口：速度入口，$v=v_0$；

出口：压力出口，$P=0$；

下表面：恒定热流密度，$q=q_w$；

上表面及侧面：绝热，$q=0$。

5.2.2.4　数值方法

本文根据上述简化模型，首先采用 CFD 软件对计算区域生成非均匀的网格，在壁面处加密，如图 5-10 所示。再采用有限容积法对通用控制方程进行离散，采用 SIMPLE 算法对压力—速度方程进行耦合，压力插值方式选择 Body Force Weighted 格式，动量、能量方程使用 Second Order Upwind 二阶迎风格式，并选用合适的亚松弛因子。[1] 假定集

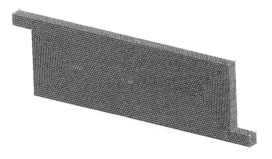

图 5-10　计算区域的非均匀网格

① 邓月超，赵耀华，全贞花. 平板太阳能集热器空气夹层内自然对流换热的数值模拟 [J]. 建筑科学，2012，10（28）：84-87.

热器各层材料紧密接触，不考虑接触热阻，下部和四周边缘都有保温层，忽略下层和边缘的热损。

5.2.2.5　模拟与结果分析

图 5-11 是太阳辐射强度为 900W/m² 时，集热器内空气温度分布的等值线图。可以看出，不同进口风速的工况下，集热器内温度等值线基本相近，右上角出现高温的涡流区，涡流区内的温度随着进口风速的提高而降低，由于进口射流刚性的增大，左下部低温区增大且温度降低，因此出口空气温度降低。

图 5-12 为集热器内空气流动的速度矢量图，可以看出，右上角出现旋涡，导致该区域空气停留时间变长，空气温度上升，换热效果变差。随着进口风速的提高，射流加强，进口冷风穿透性增强，虽然对流换热系数增加，但停留时间变短，最终导致出口风速降低。

图 5-13 和图 5-14 分别为太阳辐射强度为 700W/m² 时，集热器内空气温度等值线图和速度矢量图。与 900W/m² 时图的分布规律类似，但由于太阳辐射强度降低，吸热板放热量减少，集热器内空气温度降低，送风温度降低。速度矢量分布图与 900W/m² 工况时基本一致，但由于空气吸热量降低，出口风速略有下降。

图 5-15 和图 5-16 分别为太阳辐射强度为 500W/m² 时，集热器内空气温度等值线图和速度矢量图。分布规律与前面类似。

图 5-17 为不同工况下出口空气温度的变化特性，可以看出，出口空气温度随着进口风

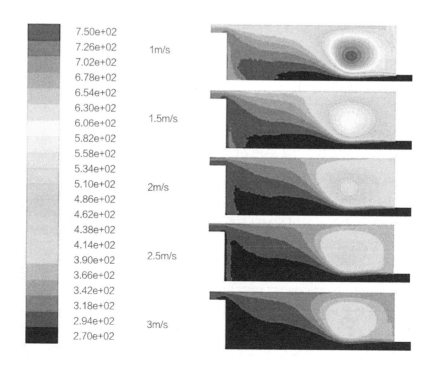

图 5-11　集热器内温度等值线（ W=900W/m²）

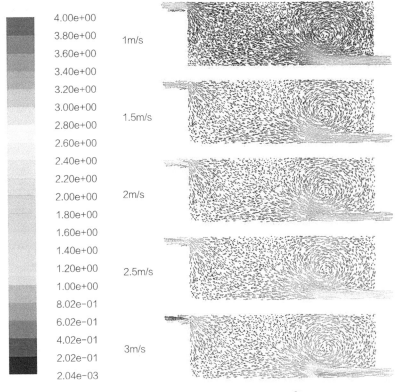

图 5-12　集热器内速度矢量（W=900W/m^2）

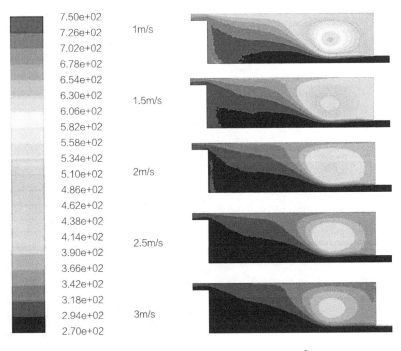

图 5-13　集热器内温度等值线图（W=700W/m^2）

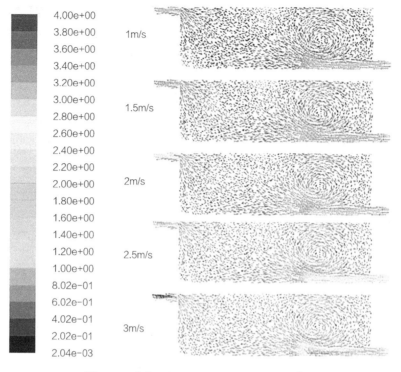

图 5-14　集热器内速度矢量图（ W=700W/m² ）

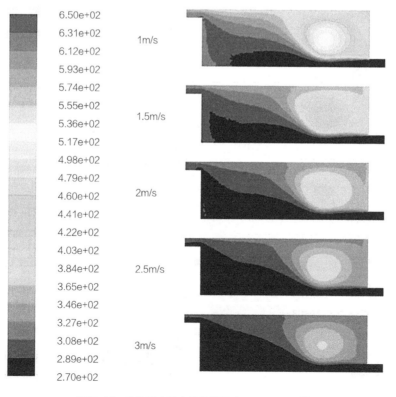

图 5-15　集热器内温度等值线图（ W=500W/m² ）

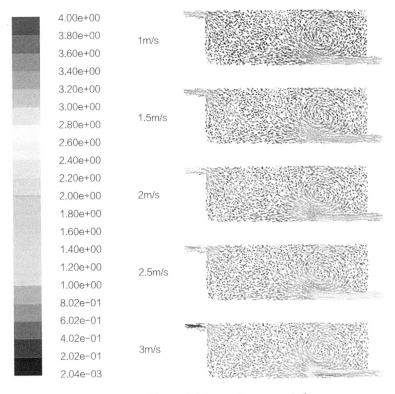

4.00e+00	
3.80e+00	1m/s
3.60e+00	
3.40e+00	
3.20e+00	
3.00e+00	1.5m/s
2.80e+00	
2.60e+00	
2.40e+00	
2.20e+00	
2.00e+00	2m/s
1.80e+00	
1.60e+00	
1.40e+00	
1.20e+00	
1.00e+00	2.5m/s
8.02e-01	
6.02e-01	
4.02e-01	3m/s
2.02e-01	
2.04e-03	

图 5-16　集热器内速度矢量图（W=500W/m^2）

速的提高而降低，随着太阳辐射强度的提高而增加。为了保证良好的空气采暖效果，集热器必须保持一定的送风温度。从室内人体舒适度的角度出发考虑，房间送风口的空气温度不应低于室内设计温度。由图 5-17 可知，当送风速度为 2m/s 左右时，太阳辐射强度为 400W/m^2，送风温度为 293K，与室内设计温度接近，此时的送风流量与温度达到了较为理想的组合状态。因此，在实验研究时，可将送风口风速设定为 2m/s。

　　图 5-18 为进口空气速度为 2m/s 时，集热器出口空气温度随太阳辐射强度的变化特性，可知，两者基本呈线性规律，随着太阳辐射强度的增加，出口空气温度线性提高。因此，可依据当地太阳辐射特性推测新型双效陶瓷集热器的空气送风温度，为工程设计提供参考数据。

　　根据图 5-17、图 5-18 和表 5-2、表 5-3 可知，在太阳辐射强度一定的情况下，随着输出风速的提高、风量的增大，输出空气的温度降低；在风速、风量一定的情况下，随着太阳辐射强度的提高，输出空气的温度升高；在输出空气温度一定的情况下，随着太阳辐射强度的提高，输出风速或风量而增大。

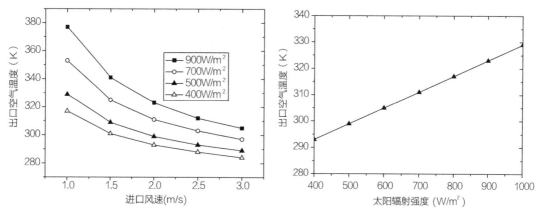

图 5-17　集热器出口空气温度变化特性　　　　图 5-18　出口空气温度随太阳辐射的变化曲线（2m/s）

不同辐射条件下不同的输出风速出口空气温度（K）　　　表 5-2

速度（m/s）	太阳辐射强度 900W/m²	太阳辐射强度 700W/m²	太阳辐射强度 500W/m²	太阳辐射强度 400W/m²
1	377	353	329	317
1.5	341	325	309	301
2	323	311	299	293
2.5	312	303	293	288
3	305	297	289	284
4	296	290	—	—
5	291	—	—	—

2m/s 的风速条件下不同太阳辐射强度下的出风口空气温度　　　表 5-3

太阳辐射强度（W/m²）	温度（K）	温度（℃）
400	293	20
500	299	26
600	305	32
700	311	38
800	317	44
900	323	50
1000	329	56

　　根据《严寒和寒冷地区居住建筑节能设计标准》JGJ 26-2018，冬季采暖室内计算温度应取 18℃。因此，当送风温度高于 18℃时，可作为预热新风使用，不会影响室内采暖。结合人体体温和舒适度考虑，当送风温度在 40℃以上时，可以提供采暖。

　　由表 5-3 可知，在太阳辐射强度满足 400W/m² 的情况下，2m/s 的风速条件即输送风量为 0.02m³/s，就可以符合预热新风的要求。如果太阳辐射强度达到 800W/m² 以上，该风量条件可提供采暖。晴好天气，室外平均太阳辐射强度达到 700W/m² 以上时，风速在 3～5m/s，风量达 0.03 ~ 0.05m³/s，都可以满足预热新风的要求。如需提供采暖，风速则应控制在 2m/s 以下。

5.3 实验研究

5.3.1 实验系统简介

5.3.1.1 集热器角度与方位的确定

实验于山东省济南市进行。济南位于北纬 36°40′，东经 117°00′。

对于集热器倾角的确定，国内外科研人员进行了大量研究。李华山[1]认为全年最佳倾角不是当地纬度大小；张鹤飞[2]认为，从全年考虑，集热器倾角一般应取当地纬度大小，如果注重夏季应用的话，应取比当地纬度小 10° ~ 15°，如果注重冬季应用，则应取比当地纬度大 10° ~ 15°；D. Mills[3] 作为国际太阳能学会主席认为，太阳能设计应追求最小的补充热量，而不是要取得最高效率；毕文峰等[4]认为平板集热器的热量随日射量或室外温度呈线性增长；杨庆等[5]提出，在所考虑的热负荷下，全年各月的得热曲线与耗热曲线最接近的情况下所选取的集热器倾角是最佳倾角；奚阳[6]认为集热器的集热效率随水温的升高而逐渐降低；何世钧等[7]经过研究发现，使系统补充热量最小的倾角才是热水系统真正意义上的最佳倾角，该角度与集热面冬半年最大太阳辐照量所需的角度接近。

综上所述，集热器的倾角与集热器的热性能具有密切联系，但该问题不是本课题的研究内容。在本文中，希望在确定的较为合理的方位布置上定量研究热性能，而不将方位布置作为变量考虑。因此，本文基于上述研究，结合国家标准《太阳能集热器热性能试验方法》GB/T 4271-2007 中阐述的"集热器采光面与水平面的倾角为当地纬度 ±5°"，考虑到集热设备注重冬季的使用效果，而且符合冬季的使用要求也能满足夏季的使用，最终确定集热器倾角为 42°，并采用最优化的方位角——正南向安放集热器，确保获取尽量多的太阳辐射热。

5.3.1.2 实验系统的组成

为了对双效陶瓷太阳能集热器的热性能进行研究，采用第二章阐述的集热器的构成设计，基于现有厂家生产的陶瓷太阳能热水器成品，将 3 块 700mm×700mm 集热板单元组成一组集热

[1] 李华山. 乌鲁木齐地区太阳集热器最佳倾角计算 [J]. 太阳能，2008（10）：51-53.
[2] 张鹤飞. 太阳能热利用原理与计算机模拟 [M]. 西安：西北工业大学出版社，1990.
[3] Mills D, Morrison G L. Optimization of minimum backup solar water heating system[J]. Solar Energy, 2003, 74（6）：505-511.
[4] 毕文峰，王侃宏，乔华，等. 平板集热器冬季工况集热性能分析 [J]. 煤矿现代化，2005，01：57-59.
[5] 杨庆，丁的，周朝晖，等. 考虑热负荷的太阳能热水系统集热器最佳倾角确定 [J]. 太阳能学报，2007，28（3）：309-313.
[6] 奚阳. 平板式热管太阳集热器冬季运行性能研究 [J]. 江西科学，1999，17（3）：180-183.
[7] 何世钧，张雨，周文君. 太阳能热水系统集热器最佳倾角的确定 [J]. 太阳能学报，2012，06：922-927.

器的吸热体，板与板之间用硅橡胶管进行软连接，用钢丝箍卡紧固定。因为实验台加工的铝合金外壳比较粗糙，密封不好，为了防止热量通过外壳对外散失，铝合金外壳外侧的所有面全部用50mm厚挤塑板包裹，并用聚氨酯泡沫填缝剂进行缝隙的填注。实验平台设计参数见表5-4。

双效钒钛黑瓷太阳能集热器设计参数   表5-4

参数		数据
集热器尺寸	长	2100mm
	宽	700mm
	高	180mm
玻璃盖板	厚度	3.2mm
	可见光透过率	93%
	太阳光透过率	91%
	导热系数	1.1w/mk
上下风口	宽度	100mm
	高度	100mm
侧板及背板	厚度	50mm
	导热系数	0.03w/mk

根据本章前期进行的理论模拟研究，集热板与玻璃盖板之间的空气间层厚度为50mm，在出风口处安装低流量高静压型风机，风机功率为15.4W，平均风速为2m/s，空气间层厚度、出风口尺寸和风速固定不可调。

将集热器与储热水箱连接在一起，采用自然循环系统，水箱高于集热器1000mm，连接好水路管道。为防冻，采用双回路循环，集热器内为防冻液，水箱内上自来水。水箱容积为90L，符合小家庭单元的生活热水使用要求。

按照《太阳能集热器热性能试验方法》GB/T 4271-2007，集热器采用正南向方位角，实验台架周围空旷，在实验期间，没有阴影投射到集热器上，周围的建筑或物体表面没有明显的太阳光反射到集热器上，在视野内没有明显的障碍物。台架采用开放式结构，不影响空气集热器各个面的自由流动，不影响集热器的背面、侧面和进出口的隔热保温。集热器的最低边距离地面500mm。实验系统如图5-19所示。

图5-19　双效陶瓷太阳能集热器热性能测试实验台搭建过程

5.3.2 实验仪器设备

双效陶瓷太阳能集热器集热水的热性能可以通过对热水器的检测来说明。按照《家用分体双回路太阳能热水系统试验方法》GB/T 26971-2011，采用 TRM-2A 型太阳能热水系统性能测试仪对热水系统进行测试。部分实验仪器设备如图 5-20 所示。

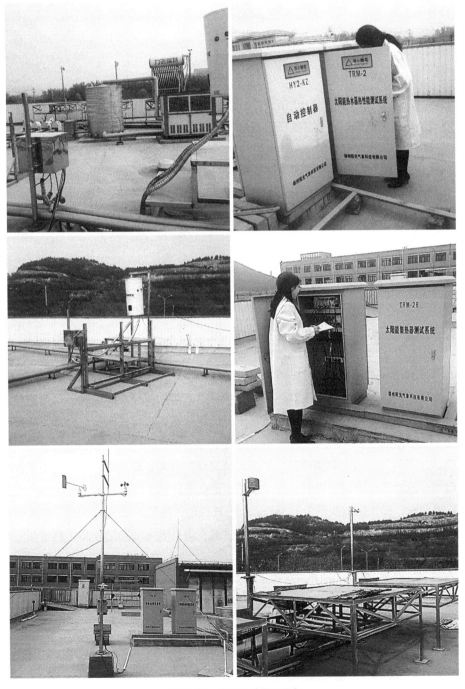

图 5-20　部分实验仪器设备

5.3.3　集热水工作模式下的实验研究

5.3.3.1　实验方法

对于采用双回路非承压系统的陶瓷太阳能热水器热性能的实验研究，按照《家用分体双回路太阳能热水系统试验方法》GB/T 26971-2011 和《家用太阳热水系统热性能试验方法》GB/T 18708-2002，采用 5.3.1 中的实验与计算方法。

实验分为两种类型：第一种是按照 5.1.2 描述的集热器构造来进行测试，第二种是将玻璃盖板去除，将陶瓷集热板直接暴露在外进行测试。

5.3.3.2　实验结果分析

2012 年 11 月 6 日、7 日和 2013 年 4 月 10 日、11 日属于实验过程中的第一种类型，即集热器有玻璃盖板，测试结果如表 5-5 所示。

集热水工作模式下的系统实验测试结果（有玻璃盖板）　　表 5-5

组别	日期	流量／水箱容积（m³/L）	初始水温（℃）	终止水温（℃）	太阳辐照量（MJ/m²）	平均环境温度（℃）	日有用得热量[①]（MJ）
1	12-11-6	0.0707	20.0	54.2	17.71	15.9	6.6
1	12-11-7	0.0707	19.9	54.4	17.86	16.7	6.6
2	13-4-10	90L	12.9	45.6	21.33	11.23	6.7
2	13-4-11	90L	12.3	45.8	22.06	10.56	6.6
2	13-4-12	90L	12.5	46.2	21.98	10.78	6.7

得出第 1 组数据的测试过程中，集热器的进出风口是密封的，因此集热器是密闭状态；得到第 2 组数据的测试过程中，集热器的进出风口是开敞的，风机不运转。因为测试设备的故障，流量计仅在第 1 组测试中使用，第 2 组只能用水箱容积计算水量。另外，从数据稳定性上考虑，第 2 组的测试时间为 9 时至 16 时。

由测试结果可知，当太阳辐照量、平均环境温度完全满足国家标准中的测试条件，水箱初始水温等于或略低于测试要求时，在玻璃盖板的保温作用下，陶瓷热水器的热性能完全符合国家标准要求，即太阳辐照量为 17MJ/m² 时的日有用得热量不低于 6.6MJ[②]，热水器的平均集热效率约为 39%。另外，即使平均环境温度较低，但是太阳辐照量较高，热水器的日有用得热量也能够得以保证。

数据显示，集热器是否密闭，对热水器热性能的影响不是很明显。表 5-6 及图 5-21 为2013 年 4 月 10 日风机不运行、风口不密闭的情况下测试的数据。

---

① 太阳辐照量为 17MJ/m² 时的推算数值。

② 中华人民共和国国家技术监督局. 家用太阳热系统技术条件 [S]. 北京：中国标准出版社，2012.

集热水工作模式下风口不密闭的系统实验测试结果
（有玻璃盖板，风机不运行，2013.4.10）　　　　表 5-6

时间	环境温度 （℃）	水箱温度 （℃）	出风口空气温度 （℃）	太阳辐射瞬时值 （W/m²）	环境风速 （m/s）
9:00	9.30	12.90	16.60	607	1.40
9:30	9.20	12.60	17.50	735	2.60
10:00	9.90	13.30	17.10	806	2.00
10:30	10.80	15.10	17.90	883	4.50
11:00	10.70	18.10	19.00	979	3.50
11:30	11.40	21.60	19.20	1000	4.40
12:00	11.40	25.20	19.90	1017	1.50
12:30	11.10	28.90	19.90	1001	3.70
13:00	11.70	32.40	19.60	969	1.20
13:30	12.10	35.70	20.70	939	4.30
14:00	12.80	38.70	21.50	870	6.80
14:30	11.90	41.30	20.80	777	9.10
15:00	12.00	43.30	19.90	697	3.30
15:30	11.90	44.70	20.30	583	4.40
16:00	12.30	45.60	19.10	464	3.60
平均值	11.23	—	19.27	822	—

注：太阳辐射累计值为 21.33MJ/m²。

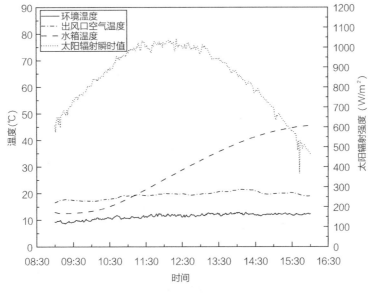

图 5-21　水温、出风口空气温度、环境温度与太阳辐射强度随时间变化的对
比曲线（2013.4.10）

2012 年 11 月 8 日、9 日、12 日、13 日是实验过程中的第二种类型,即集热器无玻璃盖板,测试结果如表 5-7 所示。

集热水工作模式下的系统实验测试结果(无玻璃盖板)　　表 5-7

日期	流量 (m³)	初始水温 (℃)	终止水温 (℃)	太阳辐照量 (MJ/m²)	平均环境温度 (℃)	日有用得热量[①] (MJ)
2012-11-8	0.0647	14.2	32.2	13.57	13.6	3.9
2012-11-9	0.0647	19.9	29.2	6.09	15.4	4.5
2012-11-12	0.0647	7.5	26.3	13.01	9.8	4.3
2012-11-13	0.0647	18.7	29.8	16.98	6.9	1.9

拆除玻璃盖板后,因为陶瓷集热板的发射率较高,能够向周围环境散失热量,没有玻璃对长波辐射的阻挡,热量散失较大,因此日有用得热量较低,集热效率在 11.18% ~ 26.47% 的范围内,不符合国家热水器标准要求。虽然因为 8 日、12 日的初始水温和太阳辐照量、9 日的太阳辐照量以及 13 日的平均环境温度都不满足标准的测试条件,影响了最终结果,但也由此推断出,在环境温度较低、太阳辐照量不足的秋冬季,缺少玻璃盖板的保温,陶瓷集热器的热性能及稳定性将大大下降,妨碍了集热器提供生活热水的正常使用。但是其提供的 30℃左右的温水可以作为低温热源供采暖或空调热泵使用。考虑到该类型集热器减少玻璃盖板后造价进一步降低,与建筑外观更易结合,因此具有一定的应用价值。

5.3.4　预热新风工作模式下的实验研究

5.3.4.1　实验方法

对于钒钛黑瓷太阳能空气集热器热性能的研究,利用实验室已有的符合国家标准的检测设备,依据《太阳能集热器热性能试验方法》GB/T 4271-2007 和《太阳能空气集热器热性能试验方法》GB/T 26977-2011,按照图 5-22 所示方式搭建实验平台,进行测试。

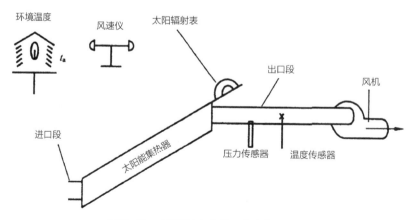

图 5-22　太阳能空气集热器实验装置示意

---

① 太阳辐照量为 17MJ/m² 时的推算数值。

为了研究集热器在真实室外环境，尤其是寒冷季节典型性环境中的性能表现，在测试过程中并没有选择严格按照国家标准所要求的标准测试环境，而是进行了动态实验。选取冬季和初春的晴朗天气，环境风速不超过 4m/s，测试时间为 9 时至 16 时，室外气温较稳定，没有大的波动。使用集热器测试系统和环境气象监测系统对当天的环境温度、太阳辐射强度、风速、进出风口温度等进行了测试。

5.3.4.2 热性能计算

Q 为集热器瞬时集热量，J/s；v 为集热器空气平均流速，m/s；F 为集热器出风口有效截面面积，m^2；ρ_1 为 T_1 温度下的空气密度，kg/m^2；C_{p1} 为 T_1 温度下的空气比热容，J/（kg·K）；ρ_2 为 T_2 温度下的空气密度，kg/m^2；C_{p2} 为 T_2 温度下的空气比热容，J/（kg·K）；T_1 为集热器出风口空气温度，K；T_2 为集热器出风口空气温度，K。可根据式（5-1）计算出集热器的瞬时集热量。

$$Q = vF(C_{p1}\rho_1 T_1 - C_{p2}\rho_2 T_2) \tag{5-1}$$

Q_s 为集热器所接受的辐射得热量，根据平板式太阳能空气集热器的效率式（5-2）可得该平板集热器的集热效率。

$$\eta = \frac{Q}{Q_s} \tag{5-2}$$

5.3.4.3 实验结果分析

测试在冬季和初春进行，选择 2012 年 12 月 18 日和 2013 年 3 月 15 日的测试数据作为实验结果进行分析。由表 5-8、图 5-23 及图 5-24 可知，2012 年 12 月 18 日测试时段天气晴好，太阳辐射强度从上午 9 时起不断增大，在 12 时 30 分达到最高值 1073W/m^2，平均太阳辐射瞬时值 864W/m^2，太阳辐射累计值 20.92MJ/m^2，即 30.75MJ，平均环境温度 –2.42℃，测试现场风速为 0.6 ~ 3.9m/s，集热器出风口稳定风速为 2m/s，流量为 0.02m^3/s。在该风量条件下，入风口处空气温度稍高于环境温度，空气升温最高达到 79.30℃。利用差分计算方法，根据式（5-1）可知，集热器总得热量为 22.86MJ，集热效率达到 74.34%。

预热新风工作模式下的系统实验测试结果（2012.12.18）　表 5-8

时间	环境温度（℃）	入风口空气温度（℃）	出风口空气温度（℃）	太阳辐射瞬时值（W/m^2）	室外风速（m/s）
9:00	−3.80	1.90	18.50	566	1.30
9:30	−4.50	2.90	38.70	668	3.00
10:00	−3.80	3.40	43.50	810	0.60
10:30	−3.60	4.60	51.30	912	1.80
11:00	−3.40	5.70	55.80	974	1.10
11:30	−3.10	5.10	61.70	1028	4.10
12:00	−2.90	0.40	65.70	1064	1.90
12:30	−2.10	1.70	79.30	1073	1.20
13:00	−1.90	1.50	74.10	1021	1.60
13:30	−1.30	2.10	67.50	981	2.00
14:00	−1.30	2.70	62.60	867	1.20

续表

时间	环境温度 （℃）	入风口空气温度 （℃）	出风口空气温度 （℃）	太阳辐射瞬时值 （W/m²）	室外风速 （m/s）
14:30	−1.50	3.20	58.20	774	0.90
15:00	−1.40	2.90	48.80	632	1.20
15:30	−1.30	2.70	42.40	483	1.20
16:00	−1.80	0.60	31.40	149	0.40
平均值	−2.42	2.92	56.37	864	—

注：太阳辐射累计值为 20.92MJ/m²。

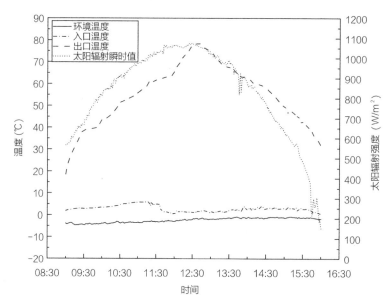

图 5-23　进出风口空气温度与环境温度随时间变化的对比曲线（2012.12.18）

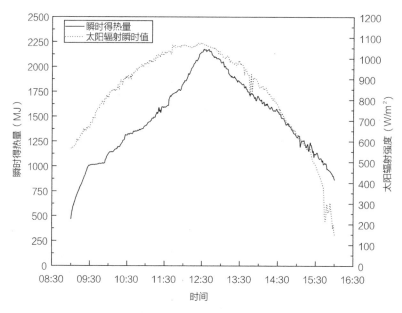

图 5-24　预热新风瞬时得热量曲线（2012.12.18）

由表 5-9 可知，2013 年 3 月 15 日测试时段天气晴好，太阳辐射强度从上午 9 时起不断增大，在 11 时 15 分达到最高值 873W/m²，平均太阳辐射瞬时值 737W/m²，太阳辐射累计值 19.45MJ/m²，即 28.59MJ，平均环境温度 10.13℃，测试现场风速为 0~4.1m/s，集热器出风口稳定风速为 2m/s，流量为 0.02m³/s。在该风量条件下，入风口处空气温度稍高于环境温度，空气升温最高达到 59.2℃。利用差分计算方法，根据式（5-1）可知，集热器总得热量为 20.71MJ，集热效率达到 73.44%。

预热新风工作模式下的系统实验测试结果（2013.3.15） 表 5-9

时刻	环境温度（℃）	出风口空气温度（℃）	太阳辐射瞬时值（W/m²）	室外风速（m/s）
9:00	4.20	8.10	575	1.80
9:30	5.70	10.50	684	0.00
10:00	7.50	16.20	778	4.10
10:30	6.80	29.40	816	1.90
11:00	8.10	45.10	847	0.60
11:30	8.60	58.90	846	1.00
12:00	8.70	65.70	835	1.40
12:30	9.50	65.10	819	0.30
13:00	10.00	68.20	821	0.00
13:30	10.70	66.00	813	0.60
14:00	11.30	66.10	821	1.60
14:30	11.40	61.10	719	1.30
15:00	11.50	59.90	602	2.10
15:30	11.40	56.40	441	1.40
16:00	11.00	51.40	194	1.80
平均值	10.13	50.10	737	—

注：太阳辐射累计值为 19.45MJ/m²。

由图 5-25 及图 5-26 可知，预热新风的温度随太阳辐射的变化而变化，从上午测试初始起，温度不断上升，当正午太阳辐射强度达到高峰时，空气温度也基本达到最高值，随后随太阳辐射强度的降低而逐渐降低。

经测试得出，双效钒钛黑瓷太阳能集热器作为空气集热器在有效日照时间内，其送风温度均达到 50℃以上，平均集热效率达到 70% 以上。

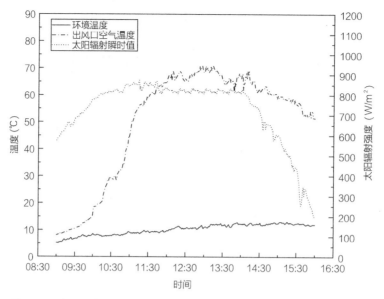

图 5-25　出风口空气温度、环境温度与太阳辐射强度随时间变化的对比曲线
（2013.3.15）

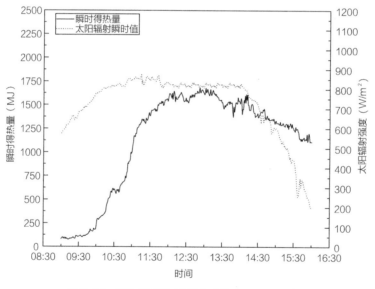

图 5-26　预热新风瞬时得热量曲线（2013.3.15）

5.3.5　热水、热风双效的实验研究

5.3.5.1　实验方法

对于双效钒钛黑瓷太阳能集热器热性能的研究，依据《太阳能集热器热性能试验方法》GB/T 4271-2007、《家用分体双回路太阳能热水系统试验方法》GB/T 26971-2011 和《太阳能空气集热器热性能试验方法》GB/T 26977-2011，按照图 5-27 所示的方式搭建实验平台，对热水和热风同时进行测试。

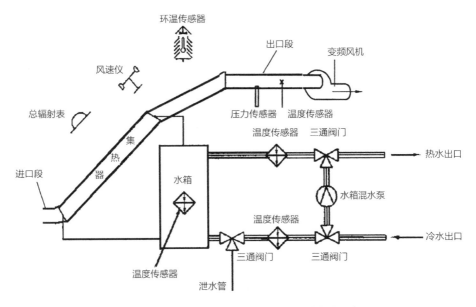

图 5-27 双效钒钛黑瓷太阳能集热器实验装置示意

为了体现日常工作状态，测试同样采用了动态实验的方法。选取初春的晴朗天气，环境风速不超过 4m/s，测试时间为 9 时至 16 时，室外气温较稳定，没有大的波动。

5.3.5.2 实验结果分析

由表 5-10 可知，2013 年 4 月 2 日测试时段天气晴好，太阳辐射强度从上午 9 时起不断增大，在 11 时 41 分达到最高值 1038W/m²，平均太阳辐射瞬时值 871W/m²，太阳辐射累计值 24.25MJ/m²，即为 35.65MJ，平均环境温度 15.93℃，测试现场风速为 0~3.8m/s，集热器出风口稳定风速为 2m/s，流量为 0.02m³/s。在该风量条件下，空气升温最高达到 43.90℃，贮水箱最终水温 49.40℃，水温升温 33.90℃。根据式（5-1）可知，集热器热水获得的总热量为 12.81MJ，单位面积的得热量为 6.8MJ，集热效率为 39%。利用差分方法计算，预热新风获得的总热量为 20MJ，集热效率达到 74.33%。集热器双效复合总得热量为 32.81MJ，其中预热新风所得热量约占总热量的 60%，加热水所得热量约占总热量的 40%。

热水热风双效工作模式下的系统实验测试结果（2013.4.2） 表 5-10

时间	环境温度（℃）	出风口空气温度（℃）	水箱温度（℃）	太阳辐射瞬时值（W/m²）	环境风速（m/s）
9:00	8.90	19.90	15.50	701	1.20
9:30	9.80	26.80	15.50	815	1.70
10:00	12.30	30.90	15.90	858	0.00
10:30	13.20	33.20	17.40	936	0.80
11:00	14.30	35.80	20.50	932	0.80
11:30	15.00	43.60	24.10	1016	0.50
12:00	15.50	52.40	27.80	1006	1.40

时间	环境温度 （℃）	出风口空气温度 （℃）	水箱温度 （℃）	太阳辐射瞬时值 （W/m²）	环境风速 （m/s）
12:30	16.20	56.20	31.40	975	2.80
13:00	17.10	60.60	34.80	989	0.70
13:30	18.10	51.90	38.20	955	1.30
14:00	19.10	49.30	41.50	922	1.10
14:30	19.20	50.00	44.30	811	1.00
15:00	19.20	49.00	46.70	703	0.00
15:30	19.70	50.00	48.40	570	2.30
16:00	19.50	48.10	49.40	439	0.80
平均值	15.93	43.89	—	871	—

注：太阳辐射累计值为 24.25MJ/m²。

　　由图 5-28 及图 5-29 可知，空气温度与水温随太阳辐射强度的增强而上升，正午太阳辐射强度达到峰值，受水温影响，空气温度的峰值有所延迟。随后空气温度随太阳辐射强度的降低而下降，但是与单独热风工况所不同的是，空气温度并不是持续下降，而是在下午一定的时间段内与水温持平，充分显示出水温对空气温度的影响。虽然实验数据只记录到了 16 时，但是可以推测，随着太阳辐射强度的进一步降低，空气温度最终还会下降。不过在热水的作用下，提供较高温度预热新风的时间明显延长。该双效集热模式中水与空气共同得热，与单独预热新风的集热模式相比，太阳辐射强度接近的情况下，预热新风的瞬时得热量有明显下降。但是因为水的持续放热，所以下午时段的新风瞬时得热量曲线不会因为太阳辐射强度的降低而出现明显下行走势。

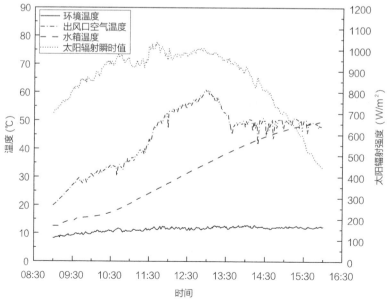

图 5-28　水温、出风口空气温度、环境温度与太阳辐射强度随时间变化的
对比曲线（2013.4.2）

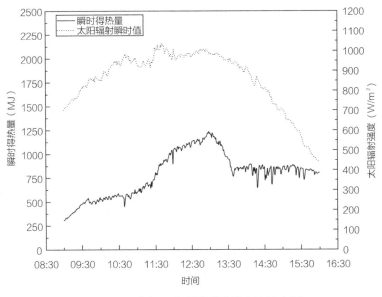

图 5-29　预热新风瞬时得热量曲线（2013.4.2）

5.4　本章小结

本章将钒钛黑瓷太阳能集热板作为吸热元件，提出了一种新的集热形式——太阳能热水和预热新风同步供给的双效钒钛黑瓷太阳能集热，并设计出了该类型集热器和与之配套的集热器系统。空气和水两种循环介质同时在集热器内部工作，将会提高建筑物全年的太阳能保证率。

对双效钒钛黑瓷太阳能集热器进行了 CFD 数值模拟软件分析和实验平台的实测研究，确定了最佳空气间层厚度和空气流量，实测出冬季和初春季节集热器在集热水、预热新风方面的性能，具体结论如下：

（1）CFD 数值模拟分析认为，集热板与玻璃盖板之间的厚度取 100mm 左右为宜，针对集热面积为 $1.47m^2$ 的集热器，空气流速控制在 $0.02m^3/s$，由此可获得较高的空气集热效率和较为合理的出风温度。

（2）该集热器结合贮水箱可以单独作为热水器使用。在测试中，热水器的日得热量均不低于国家标准所要求的 $6.6MJ/m^2$，集热效率可达 39%，水升温不低于 30℃，集热性能良好。

（3）该集热器作为空气集热器使用，空气平均升温 30℃以上，送风温度平均在 50℃以上，集热效率不低于 70%。送风温度受太阳辐射值的影响明显，即便环境温度较低，只要是太阳辐射较好，也能获得较高的送风温度。

（4）热风、热水两项功能同时开启，在太阳辐射较好、平均瞬时值为 $871W/m^2$、室外平均温度为 15.93℃的情况下，能够获得较好的集热效率，分别为 74.3% 和 39%，完全可以满足热风、热水的同时需求。双效集热器的总集热效率在 90% 以上，综合效率明显高于单效集热器。数据分析表明，风机的开启不会对热水的输出造成明显影响，但是在相同的日照条件下，热水的输出会使送风温度降低 10℃左右。

（5）根据实验结果分析可知，热风、热水两项功能同时开启时，集热器整体的传热过程应是：因为空气的比热容小，所以空气通过辐射与对流获取太阳热量快速升温，同时水通过对流换热和传导获得太阳热量相对缓慢升温，另外，因为陶瓷板发射率较高，因此下午太阳辐射强度减弱、空气温度随之降低时，水会继续向空气辐射传热，而玻璃的保护减缓了空气的快速降温。所以空气总的得热量略高于水。

（6）实验数据说明，单独使用集热水的功能时，进出风口是否封闭对集热器的热性能无显著影响。所以在实际工程应用中，如果不需开启风机，对风口也不必进行过多密封处理。

（7）虽然钒钛黑瓷集热板从材质上说与建筑屋面或墙体非常接近，如果去掉玻璃盖板，从形象上看更加贴近瓦屋面，更有利于建筑一体化的设计，但是实验证明，没有玻璃盖板作为隔热构件，集热板的热量散失过快，尤其是在冬季，使得系统的热性能大大降低，很难充分满足供应生活热水的需要。如果结合空调热泵或二次加热设备，则可利用无玻璃盖板的陶瓷集热器产生低温水，作为低温热源使用。

（8）在实验过程中出现过因为环境温度过低，集热板中作为工作介质的自来水结冰，冻裂集热板的情况。因此，为了防止冬季集热板被冻裂，热水系统应采用双回路循环的做法，集热板内使用乙二醇防冻液作为工作介质。另外，如果为了降低造价，也可结合系统设计采用夜晚排空集热板内液态水的做法，采用单回路系统。

6

钒钛黑瓷太阳能集热
系统的优化设计

为方便研究，本章以农宅建筑为例，将首先对研究的典型建筑进行选型，然后针对不同热工性能的典型建筑所采用的钒钛黑瓷太阳能供热系统做出设计，并选择节能、经济、环保的辅助能源。通过分析集热—辅热系统的主要参数，建立其优化模型，并以典型建筑为例做出优化设计。

6.1 典型建筑选型

本节所述典型建筑的选型首先进行建筑屋顶形式与面宽进深比例等建筑体形方面的选择，并在此基础上给定具体的典型农宅建筑研究模型的户型及其围护结构做法等。由于我国当前的农宅仍以单层建筑为主[①]，本节将仅以单层农宅进行分析。

6.1.1 建筑体形的选择

农宅建筑的屋顶形式一般包括平屋顶、单坡屋顶及双坡屋顶。屋顶形式的改变会带来建筑造价、太阳能系统得热及建筑能耗的变化。在建筑造价方面，若在保证原建筑使用空间的前提下，将平屋顶改为坡屋顶，成本必定增加；在太阳能系统得热方面，若将平屋顶改为南向单坡屋顶，则屋顶集热面积必然增大，单位面积所得到的太阳辐照量产生变化，其系统得热及成本也会改变；若改为双坡屋顶，可用于集热的面积随倾角产生变化，集热面上的太阳辐照强度与系统得热也会改变。在建筑能耗方面，坡屋顶可能带来较大的建筑能耗，也可能为建筑抵御气温变化提供屏障。所以，对于采用太阳能采暖系统的农宅建筑，其建筑成本（C_1）及寿命期能耗费用（C_2）的总和与寿命期集热系统产能的经济价值（C_3）之差（ΔC）越小，则可认为该形式是越经济的。ΔC 可按照式（6-1）~式（6-3）进行估算。

$$\Delta C = C_1 + nC_2 - nC_3 \tag{6-1}$$

$$C_2 = 3.6QC_c \tag{6-2}$$

$$C_3 = AJ_T\eta_i C_c \tag{6-3}$$

---

① 刘九菊. 我国北方寒冷地区秸秆建筑建造探析 [J]. 低温建筑技术，2013（12）：38-40.

式中，n：系统的有效使用年限，取 50 年；

Q：年采暖能耗，kWh；

C_c：能源热价，按表 6-1 取值，元 / MJ；

A：集热屋顶面积，m^2；

J_T：屋顶平面采暖季太阳辐照总量，MJ/m^2；

η_1：集热系统的平均集热效率，对钒钛黑瓷太阳能集热系统取 50%。

能源热价　　　　　　　表 6-1

热源种类		热价（元 /MJ）
化石能源	原煤	0.059
	柴油	0.146
	天然气	0.066
电		0.175
生物质		0.055
热泵		0.048

6.1.1.1　研究模型

由不同倾角产生的不同屋面的面积及其下部空间的体积与建筑平面形式，特别是其面宽与进深之比密切相关。对于有采暖需求的多数农宅，为了尽量争取日照，其面宽一般大于进深；而对于一些临街住宅，为了更多住户争取营业空间，其进深一般大于面宽。由此，本小节设计了 3 种平面面积接近而面宽进深比不同的农宅进行分析。这 3 种农宅的面宽进深比分别为 2∶1、1∶1 及 1∶2，其平面尺寸分别为 14m×7m、10m×10m 及 7m×14m。对以上农宅的单坡及双坡[①]屋顶倾角分别在 10°~40° 及 10°~60° 范围内分段取值，形成 33 组研究模型（表 6-2，图 6-1）。

屋顶形式研究模型编号　　　　　　　表 6-2

面宽 / 进深 ＼ 屋面倾角	平 0°	单坡				双坡					
		10°	20°	30°	40°	10°	20°	30°	40°	50°	60°
2∶1	I_0	I_{11}	I_{12}	I_{13}	I_{14}	I_{21}	I_{22}	I_{23}	I_{24}	I_{25}	I_{26}
1∶1	II_0	II_{11}	II_{12}	II_{13}	II_{14}	II_{21}	II_{22}	II_{23}	II_{24}	II_{25}	II_{26}
1∶2	III_0	III_{11}	III_{12}	III_{13}	III_{14}	III_{21}	III_{22}	III_{23}	III_{24}	III_{25}	III_{26}

为估算建筑成本与能耗，采用 DesignBuilder 软件进行建模，相关参数取软件默认值。建筑层高取 3.5m，其上空间设为非采暖空间；窗墙面积比采用 0.3；外墙的传热系数为 $0.35W/m^2℃$，平屋面为 $0.25W/m^2℃$，斜屋面为 $0.16W/m^2℃$，外窗为 $1.96W/m^2℃$，屋顶空间地面为 $1.11W/m^2℃$。

---

① 仅考虑等边形式。

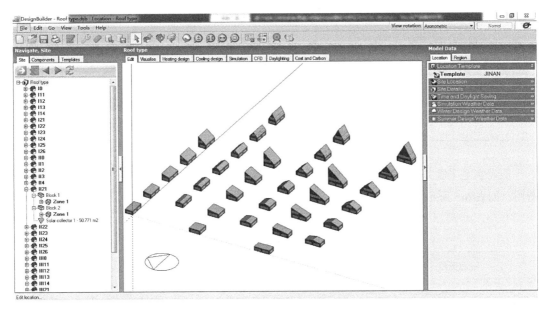

图 6-1 DesignBuilder 屋顶形式模拟界面

6.1.1.2 建筑成本的模拟

本小节所考虑的建筑成本包括建筑主体结构成本（Structure Costs）及钒钛黑瓷太阳能集热系统成本（Renewables Costs）。经 DesignBuilder 软件模拟计算，得到不同屋顶形式的建筑成本，如表 6-3 所示。纵向比较，除屋顶坡度为 10° 的情况外，相同的坡屋顶形式下，面宽进深比为 1∶1 的建筑造价为最高，其次为 1∶2 的建筑，最低为 2∶1 的建筑。横向比较，屋顶坡度越大，则建筑造价越高，且相同倾角的单坡屋面造价高于双坡屋面。

屋顶形式研究模型建筑成本（万元） 表 6-3

面宽／进深	平	单坡				双坡					
	0°	10°	20°	30°	40°	10°	20°	30°	40°	50°	60°
2∶1	21.04	33.19	35.64	36.85	38.01	29.95	31.35	33.05	34.17	34.75	36.27
1∶1	21.62	35.34	37.14	38.14	39.21	30.02	33.23	34.50	35.42	36.04	37.48
1∶2	21.04	36.10	36.41	37.24	38.21	30.66	32.89	33.83	34.57	35.20	36.54

6.1.1.3 建筑采暖能耗费用的模拟

以济南地区的气象参数为例，取 11 月 15 日 0 时至次年 3 月 14 日 24 时为采暖季进行建筑能耗模拟分析，如表 6-4 所示。纵向比较，随着面宽进深比的减小，采暖能耗逐渐增大。横向比较，同样角度的情况下，单坡屋顶的能耗增量大于双坡屋顶；除部分小坡度的情况外，坡屋顶建筑的能耗均大于平屋顶。

屋顶形式研究模型年采暖能耗（kWh） 表 6-4

面宽／进深 \ 屋面倾角	平	单坡				双坡					
	0°	10°	20°	30°	40°	10°	20°	30°	40°	50°	60°
2：1	6157	6115	6849	7467	8143	5751	5951	6295	6703	8721	9414
1：1	6388	6608	7425	8164	8932	6049	6454	6929	7316	9342	10102
1：2	6545	7144	7941	8766	9502	6394	7025	7382	7925	9770	10593

假设农宅采暖方式为我国农户常用的燃煤取暖，则可模拟计算出研究模型的年采暖能耗费用，如表 6-5 所示。

屋顶形式研究模型年采暖能耗费用（元） 表 6-5

面宽／进深 \ 屋面倾角	平	单坡				双坡					
	0°	10°	20°	30°	40°	10°	20°	30°	40°	50°	60°
2：1	1308	1299	1455	1586	1730	1222	1264	1337	1424	1852	2000
1：1	1357	1404	1577	1734	1897	1285	1371	1472	1554	1984	2146
1：2	1390	1517	1687	1862	2018	1358	1492	1568	1683	2075	2250

6.1.1.4 集热系统产能经济价值模拟

为模拟计算集热系统产能的经济价值，需确定集热面积与集热平面上的采暖季太阳辐射总量。本节假定集热面积为平屋顶或南向屋顶面积，如表 6-6 所示；假定研究模型的地理位置为济南地区，则其各倾角的采暖季辐照总量如表 6-7 所示。

屋顶形式研究模型的集热屋顶面积（m²） 表 6-6

面宽／进深 \ 屋面倾角	平	单坡				双坡					
	0°	10°	20°	30°	40°	10°	20°	30°	40°	50°	60°
2：1	98	100	104	113	128	50	52	57	64	76	98
1：1	100	102	106	115	131	51	53	58	65	78	100
1：2	98	100	104	113	128	50	52	57	64	76	98

不同倾角屋顶平面上的采暖季太阳辐照总量（MJ/m²） 表 6-7

月份	0°	10°	20°	30°	40°	50°	60°
11	168	189	208	222	231	236	236
12	279	314	346	369	385	393	393
1	321	362	398	426	444	453	453
2	372	419	461	492	513	524	524
3	238	268	295	315	328	335	335
J_T	1378	1553	1708	1824	1902	1941	1941

经计算，集热系统产能的经济价值如表 6-8 所示。纵向比较，屋顶倾角相同时，面宽进深比为 1 : 1 的建筑产能最高，而另外二者产能相同。横向比较，单坡屋顶的产能最高，而双坡屋顶的产能只有在屋顶倾角为 50° 以上时才优于相应的平屋顶。

屋顶形式研究模型的集热系统产能经济价值（元）　　　表 6-8

面宽 / 进深	屋面倾角 平	单坡				双坡					
	0°	10°	20°	30°	40°	10°	20°	30°	40°	50°	60°
2 : 1	3386	3893	4454	5169	6104	1946	2227	2607	3052	3698	4769
1 : 1	3455	3971	4539	5260	6247	1985	2270	2653	3100	3796	4866
1 : 2	3386	3893	4454	5169	6104	1946	2227	2607	3052	3698	4769

6.1.1.5　分析与讨论

将求出的建筑成本、建筑采暖能耗费用、集热系统产能的经济价值按照式（6-1）进行计算，可以得到表 6-9。纵向比较，面宽进深比为 2 : 1 的建筑综合经济性最佳。对平屋顶，该比值为 1 : 2 的建筑次之，最差为 1 : 1 的建筑；对坡屋顶，则 1 : 1 的建筑总优于 1 : 2 的建筑。横向比较，平屋顶的经济性总是优于坡屋顶，且在屋顶倾角相同的情况下，单坡屋顶优于双坡屋顶。随着倾角的增大，坡屋顶的经济成本先逐渐增加，单坡屋顶到 30° 左右或双坡屋顶到 40° 左右之后开始下降。但倾角过大的坡屋顶会带来空间上的浪费，且对建筑外观产生影响，所以宜采用较小倾角。综上所述，对于采用钒钛黑瓷太阳能采暖系统的农宅来说，面宽与进深的比值较大的平屋顶形式是最为经济的选择。

屋顶形式模型经济分析结果（万元）　　　表 6-9

面宽 / 进深	屋面倾角 平	单坡				双坡					
	0°	10°	20°	30°	40°	10°	20°	30°	40°	50°	60°
2 : 1	10.65	20.22	20.64	18.93	16.14	26.33	26.53	26.70	26.03	25.52	22.42
1 : 1	11.13	22.50	22.33	20.51	17.46	26.52	28.73	28.59	27.69	26.98	23.88
1 : 2	11.06	24.22	22.57	20.70	17.78	27.72	29.22	28.63	27.73	27.09	23.94

为了判断面宽大于进深的平屋顶建筑的经济性与面宽进深比的关系，对建筑面积基本相当但面宽进深比分别为 2 : 1、3 : 1、4 : 1 的模型进行对比分析。结果表明，面宽进深比越大的建筑，单位面积经济性越好；但其差值很小，特别是在 50 年的范围内可忽略不计（图 6-2）。

6.1.2　典型农宅的设定

根据上小节分析，选取面宽大于进深的平屋顶单层农宅进行分析。该建筑为一位于济南地区的典型双拼或联排农宅中的边户户型（图 6-3），平面布局中包含客厅、餐厅、厨房、卫生间、储藏室各 1 间及卧室 3 间。轴线建筑面积为 101.25m²，除厨房及储藏室外的采暖空间

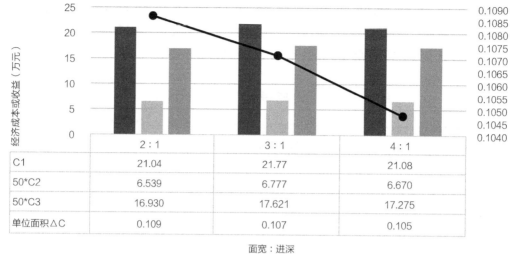

面宽：进深	2：1	3：1	4：1
C1	21.04	21.77	21.08
50*C2	6.539	6.777	6.670
50*C3	16.930	17.621	17.275
单位面积△C	0.109	0.107	0.105

■ C1　■ 50*C2　■ 50*C3　—●— 单位面积△C

图 6-2　不同面宽进深比的建筑经济性

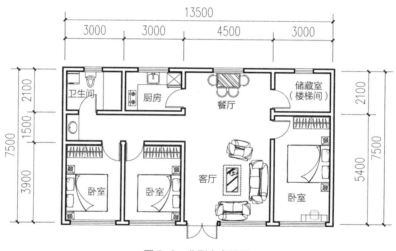

图 6-3　典型农宅平面

轴线面积为 88.65m²。建筑层高取 3m。为研究不同建筑布置方式、窗墙面积比及围护结构传热系数对钒钛黑瓷太阳能采暖系统匹配的影响，设农宅 A 与 B 分别代表较差与一般的情景。

　　典型农宅 A 可代表多数既有农宅建筑的现状。[1] 根据调查，寒冷地区既有农宅的南向窗墙面积比一般大于 0.50[2]，本情景取南向为 0.50，北向为 0.35。围护结构构造方式及材料热工参数取表 3-4 所示的吴平坊村农宅做法，则各部分的面积及传热系数如表 6-10 所示。

① 李金平，司泽田，孔莹，等. 西北农村单体住宅太阳能主动采暖效果试验 [J]. 农业工程学报，2016，32（21）：217-222.

② 张延路. 寒冷地区农村住宅节能技术研究 [D]. 天津：河北工业大学，2008：5.

典型农宅 A 围护结构各部分面积及传热系数　　　　表 6-10

部位	面积（m²）	传热系数（W/m²℃）
屋面	101.25	1.16
户门	3.60	3.00
外窗	34.23	4.70
南墙	20.25	0.79
北墙	65.81	0.79
东、西墙 [①]	22.50	0.79

　　典型农宅 B 是在窗墙面积比及围护结构热工性能方面满足《农村居住建筑节能设计标准》GB/T 50824-2013 中低限要求的建筑，其布局方式为双拼式或联排式，可代表近年来的新建农宅。农宅南向的窗墙面积比为 0.45，北向为 0.30。围护结构各部分的面积、构造方式及材料热工参数如表 6-11 所示。

典型农宅 B 围护结构各部分面积、构造方式及材料热工参数　　　表 6-11

围护结构	面积（m²）	材料名称	厚度（m）	导热系数（W/m℃）	传热系数（W/m²℃）
屋面	101.25	水泥砂浆	0.02	0.93	0.48
		SBS	0.004	0.23	
		水泥砂浆	0.02	0.93	
		EPS	0.07	0.039	
		混凝土板	0.10	1.94	
		混合砂浆	0.02	0.87	
外墙	南向 22.28 北向 28.35 东、西向 22.5	水泥砂浆	0.02	0.93	0.59
		多孔砖	0.24	热阻 0.21m²K/W	
		水泥砂浆	0.02	0.93	
		EPS	0.05	0.039	
		混合砂浆	0.02	0.87	
户门	3.60	金属保温门	—	—	2.50
外窗	南向 18.23	中空玻璃平开窗	—	—	2.80
	北向 12.15	中空玻璃平开窗	—	—	2.50

6.2 钒钛黑瓷太阳能集热建筑供热系统设计

　　本章拟设计的太阳能供热系统（含辅助热源），不仅需要提供全年全日生活热水，同时也应满足用户冬季采暖的需求。为方便研究，作以下系统形式界定：①采用直接式强制循环

---

① 一面按外墙，一面按内墙。

系统；②采用地板辐射采暖[①]；③采用温差循环控制，启动温差为8℃，停止温差为2℃；④采用排空防冻法和水箱过热防护措施；⑤生活热水供水温度为45℃；⑥采暖供、回水温度分别为45℃及30℃。

6.2.1 耗热量的计算

本研究中供暖系统所负担的耗热量包括建筑采暖耗热量与生活热水耗热量。

6.2.1.1 采暖耗热量

本系统的采暖热负荷应为在计算采暖期室外平均气温条件下的建筑物耗热量。建筑物的耗热量（Q_H）应按式（6-4）计算。[②]

$$Q_H = Q_{HT} + Q_{INF} - Q_{IH} \tag{6-4}$$

式中，Q_{HT}：通过围护结构的传热耗热量，W；

$\quad\quad Q_{INF}$：空气渗透的耗热量，W；

$\quad\quad Q_{IH}$：建筑物内部的得热量，包括照明、电器、炊事、人体散热和被动太阳能集热部件得热等，W。

通过围护结构的传热耗热量应按式（6-5）计算。关于采暖室内计算温度，虽然《严寒和寒冷地区居住建筑节能设计标准》JGJ 26-2010 等文件规定应取18℃[③]，但考虑到农村地区的实际情况，本文中的室内计算温度参照《农村居住建筑节能设计标准》GB/T 50824-2013 的要求取14℃[④]。以济南地区为例，采暖期室外平均温度取1.8℃；外围护结构传热系数的修正系数对屋顶取0.98，对门窗取1.0，对南向外墙取0.84，对北向外墙取0.95，对东、西向外墙取0.91。

$$Q_{HT} = (t_i - t_o)(\sum \varepsilon K F) \tag{6-5}$$

式中，t_i：室内空气的计算温度，取 14℃；

$\quad\quad t_o$：采暖期的室外平均温度，济南取 1.8℃；

$\quad\quad \varepsilon$：围护结构传热系数的修正系数；

$\quad\quad K$：围护结构的传热系数，$W/m^2℃$；

$\quad\quad F$：围护结构的面积，m^2。

空气渗透耗热量应按式（6-6）计算。

$$Q_{INF} = (t_i - t_o)(C_p \rho N V) \tag{6-6}$$

---

① 刘宝雨，朱道维，陈云东. 我国北方农村采暖现状及发展趋势探讨 [J]. 科技信息，2012（15）：168-169.

② 李文婷. 主动式太阳能热水供热采暖系统设计 [J]. 青海科技，2010（4）：4-5.

③ 中华人民共和国住房和城乡建设部. 严寒和寒冷地区居住建筑节能设计标准 [S]. 北京：中国建筑工业出版社，2010: 4.

④ 中华人民共和国住房和城乡建设部，中华人民共和国国家质量监督检验检疫总局. 农村居住建筑节能设计标准 [S]. 北京：中国建筑工业出版社，2013: 6.

式中，C_p：空气的比热容，取 0.28Wh/kg℃；

$\quad\quad \rho$：空气的密度，取 1.29kg/m³；

$\quad\quad N$：换气次数，取 0.5 次 /h；

$\quad\quad V$：换气体积，取 303.75m³/ 次。

建筑物内部得热量按标准规定取 3.8W/m²，则对典型农宅为 384.75W。所以，根据上述计算，可得到典型农宅 A 的建筑物耗热量为 5179W（表 6-12），即该农宅的采暖耗热量指标高达约 51W/m²；典型农宅 B 的建筑物耗热量为 2452W，即该农宅的采暖耗热量指标约为 24W/m²，较典型农宅 A 节能约 53%。

建筑物耗热量   表 6-12

项目	Q_{HT}	Q_{INF}	Q_{IH}	Q_H
典型农宅 A	4894W	669W	385W	5179W
典型农宅 B	2167W	669W	385W	2452W

建筑物的年采暖耗热量（Q_C）可按式（6-7）计算。可得到对典型农宅 A 为 26346775kJ，对典型农宅 B 为 12473893kJ。

$$Q_C = 24 \times 3600 \times Q_H \frac{t_i - t_o}{t_i - t_w} N \times 10^{-3} \quad\quad\quad (6\text{-}7)$$

式中，t_w：采暖期的室外计算温度，济南取 −5.2℃；

$\quad\quad N$：采暖的天数，济南取 92d[①]。

6.2.1.2 生活热水耗热量

全日供应热水的农宅建筑的设计日耗热量（Q_d）及热负荷（Q_w）应按式（6-8）[②]和式（6-9）计算，可得到结果为 104479kJ 和 1209W。

$$Q_d = K_h m q_r C(t_r - t_l) \rho_t \quad\quad\quad (6\text{-}8)$$

$$Q_w = \frac{Q_d}{86400} \quad\quad\quad (6\text{-}9)$$

式中，K_h：小时变化系数，本农宅取 4.8；

$\quad\quad m$：用水计算的单位数，山东取 3 人[③]；

$\quad\quad q_r$：热水用水的定额，取 50L/ 人·d；

$\quad\quad C$：水的比热容，取 4.187kJ/kg℃；

$\quad\quad t_r$：热水的温度，本系统取 45℃；

$\quad\quad t_l$：冷水的温度，山东取 10℃；

$\quad\quad \rho_t$：热水的密度，45℃时取 0.99021kg/L。

[①] 中华人民共和国住房和城乡建设部. 严寒和寒冷地区居住建筑节能设计标准 [S]. 北京：中国建筑工业出版社，2010: 25.

[②] 中华人民共和国住房和城乡建设部，中华人民共和国国家质量监督检验检疫总局. 建筑给水排水设计规范 [S]. 北京：中国计划出版社，2009: 100.

[③] 中华人民共和国国家统计局. 中国统计年鉴 -2017 [R]. 北京：中国统计出版社，2017: 2-10.

6.2.1.3 建筑的热需求量

由以上计算，可得到典型农宅 A 与典型农宅 B 的热需求量，即供热系统所提供的热量，如表 6-13 所示。

典型农宅供热系统供热量（kJ） 表 6-13

项目	典型农宅 A	典型农宅 B
采暖日耗热量	286378	135586
采暖年耗热量	26346775	12473893
生活热水日耗热量	104479	104479
采暖期生活热水耗热量	9612068	9612068
采暖期日总耗热量	390857	240065
非采暖期生活热水耗热量	28522767	28522767
生活热水年耗热量	38134835	38134835
采暖期总耗热量	35958843	22085961
全年总耗热量	64481610	50608728

6.2.2 当地最佳倾角的选择

根据唐润生等[1]的研究，面向正南且主要供冬半年使用的集热器之最佳倾角 θ_{opt} 可按式（6-10）~式（6-15）计算。以济南地区为例，取采暖热负荷最大的 1 月 18 日为代表日进行计算，则 1 月水平面上总直射辐射量取 69.88kWh/m²，总散射辐射量取 35.16kWh/m²，总辐射量取 105.04kWh/m²，地理纬度取北纬 37°[2]，集热器下垫面为混凝土，其反射系数取 0.22，日序取 18。计算得到最佳倾角值约为 55°。

$$\theta_{opt} = \arctan\frac{A_1}{B_1} \tag{6-10}$$

$$A_1 = \frac{H_b}{D}(\sin\varphi\sin\omega_0\cos\delta - \omega_0\sin\delta\cos\varphi) \tag{6-11}$$

$$B_1 = H_b + \frac{1}{3}H_d - \frac{1}{2}G\rho \tag{6-12}$$

$$D = \omega_0\sin\varphi\sin\delta + \cos\varphi\cos\delta\sin\omega_0 \tag{6-13}$$

$$\omega_0 = \arccos(-\tan\varphi\tan\delta) \tag{6-14}$$

$$\delta = 23.45\sin\frac{360\times(284+n)}{365} \tag{6-15}$$

式中，H_b：水平面上的月总直射辐射量，kWh/m²；

H_d：水平面上的月总散射辐射量，kWh/m²；

G：水平面上的月总辐射量，kWh/m²；

φ：地理纬度，°；

δ：太阳赤纬角，°；

ρ：集热器下垫面的反射系数；

n：一年中某一天的日序。

[1] 唐润生，吕恩荣. 集热器最佳倾角的选择 [J]. 太阳能学报，1988，9（4）：369-376.

[2] Autodesk Weather Tool.

济南地区 55° 倾角平面上的每月日均太阳辐照量如表 6-14 所示。

济南地区 55° 倾角平面的日均太阳辐照量（MJ/m²d） 表 6-14

1月	2月	3月	4月	5月	6月
14.603	18.710	23.932	29.510	30.068	28.546
7月	8月	9月	10月	11月	12月
25.707	24.389	22.614	18.101	14.755	12.676

既有研究表明，当集热器的朝向偏离正南 15° 以内时，集热器的最佳倾角与正南向相比差别甚小，可以不加考虑；但当偏离角度大于 15° 时，特别是在高纬度地区，其最佳倾角不能按照正南放置时的最佳倾角来考虑，而应适当减小。为方便研究，在下文的讨论中，仅考虑朝向正南的情景。

6.2.3 当地理论最大太阳能保证率的计算

根据梁若冰等介绍的方法，若使用式（2-34）表达的集热器瞬时效率方程取值为正值，则可认为该时的太阳辐照量可以满足集热器的有效工作。[①] 以年为计量周期，当地最大太阳能保证率（f_{max}）可用式（6-16）表示。

$$f_{max} = n/365 \qquad (6-16)$$

式中，n：一年中太阳日均辐照量可使集热器瞬时效率方程取值为正值的日数，d。

取 4.4 中的优化模型为研究对象，以济南地区为例，则 A 值为 0.90，B 值为 3.17，进口温度为 10℃。[②] 根据 DesignBuilder 内置的数据，导出济南地区日均太阳辐照强度及环境温度如图 6-4 所示，则可由式（4-2）计算出该钒钛黑瓷太阳能集热器的集热效率。可以认为，如要保证集热器的有效工作，太阳辐照强度应不低于 33W/m²。在全年中集热效率大于 0 的天数为 349d，即理论最大太阳能保证率为 0.956。需要说明的是，由于该集热器优化模型的热性能较好，所以理论最大太阳能保证率的取值较高；如采用其他集热器模型，则该值需重新计算。

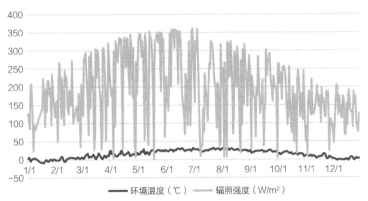

图 6-4 济南地区环境温度和日均太阳辐照强度

---

① 梁若冰，方亮，郭敏. 济南太阳能热利用率分析 [J]. 节能，2017（9）：61-65.

② 中华人民共和国住房和城乡建设部，中华人民共和国国家质量监督检验检疫总局. 建筑给水排水设计规范 [S]. 北京：中国计划出版社. 2009:96.

6.2.4　集热面积与水箱容积的估算

直接式系统的太阳能集热面积（A_a）按（6-17）估算，可得出对典型农宅 A 为 34.01m²，典型农宅 B 为 20.89m²。由于该估算值小于建筑可提供的集热面积，如屋顶面积，故取此估算值作为系统集热面积。在这种条件下，年辅助热源的供热量可计算得出，即对典型农宅 A 为 5962256kJ，典型农宅 B 为 4679507kJ。

$$A_a = (Q_H + Q_W)f_{max}/E\eta_1 \qquad (6-17)$$

式中，E：集热器采光面上的平均日太阳辐照量，取济南 55° 倾角为 21974kJ/m²d。

根据贝克曼的研究，最经济的储水容积为单位集热面积对应 50 ~ 100L，推荐值为 75L。[①] 因此，典型农宅 A 的蓄热水箱设计容积为 2551L，取 2.5m³；典型农宅 B 的蓄热水箱设计容积为 1567L，取 1.5m³。

6.3　辅助能源选择

为了在保证系统使用效果的基础上选择更为经济的辅助热源方案，本节针对前文设计的钒钛黑瓷太阳能农宅供热系统模型，分别选取具有代表性的天然气锅炉、电锅炉、煤锅炉及生物质锅炉作为系统辅助热源[②]，并从节能效益、经济效益及环境效益几个方面对这 4 种不同的辅助加热方案进行比较研究。

6.3.1　节能效益的比较

辅助热源的年能源消耗量（B_a）可用式（6-18）计算，其结果列于表 6-15。由于生物质燃料属于可再生能源，其他辅助能源的能源消耗量即可认为是生物质系统的能源节省量。可见，采用生物质锅炉作为辅助热源有一定的节能效益。

$$B_a = \frac{Q_A}{Q_{dw}Eff\eta_w} \qquad (6-18)$$

式中，Q_A：辅助热源的供热量，典型农宅 A 取 5962256kJ，典型农宅 B 取 4679507kJ；

Q_{dw}：能源的低位发热值，天然气取 35588kJ/m³，电取 3600kJ/kWh，煤取 20934kJ/kg，生物质取 19680kJ/kg[③]；

Eff：能源利用效率，天然气取 85%，电取 95%，煤取 65%，生物质取 70%[④]；

η_w：热网的热效率，取 95%。

[①]　W·A·贝克曼，S·A·克莱因，J·A·达菲，等. 太阳能供热设计 f- 图法 [M]. 北京：中国建筑工业出版社，2011：13-15.

[②]　李宁. 生物质锅炉辅助太阳能供热采暖系统的研究 [D]. 西安：西安建筑科技大学，2012：25.

[③]　张亮. 不同热源供暖性能的比较与评价研究 [D]. 西安：西安建筑科技大学，2010：30.

[④]　郑瑞澄. 太阳能供热采暖工程应用技术手册 [M]. 北京：中国建筑工业出版社，2012：194.

不同辅助能源的年能源消耗量　表 6-15

辅助能源	天然气	电	煤	生物质
典型农宅 A	208m³	1835kWh	462kg	456kg
典型农宅 B	163m³	1441kWh	362kg	358kg

6.3.2　经济效益的比较

本小节拟采用综合能源价格法，比较钒钛黑瓷太阳能集热 + 天然气锅炉、钒钛黑瓷太阳能集热 + 电锅炉、钒钛黑瓷太阳能集热 + 煤锅炉、钒钛黑瓷太阳能集热 + 生物质锅炉 4 种不同系统在提供等能量情况下的资金投入情况。

6.3.2.1　初投资估算

根据前期研究 [1][2]，与钒钛黑瓷太阳能集热器相关的初投资如表 6-16 所示。下文的分析中，将采用 467 元 /m² 作为钒钛黑瓷太阳能集热系统的初投资。

钒钛黑瓷屋顶集热器初投资　表 6-16

项目	初投资
钢化玻璃	44 元 /m²
钒钛黑瓷太阳能集热板	180 元 /m²
保温材料	68 元 /m²
管件	34 元 /m²
连接件	19 元 /m²
附加劳务	122 元 /m²

其他系统设备的单价如表 6-17 所示。

设备单价表　表 6-17

设备	单价
蓄热水箱	1500 元 /m³
地板采暖盘管	120 元 /m²
水泵	350 元 / 套
天然气锅炉	5300 元 / 台
电锅炉	7100 元 / 台
煤锅炉	200 元 / 台
生物质锅炉	200 元 / 台

① Jianhua Xu, Yuguo Yang, Bin Cai, et al. All-ceramic solar collector and all-ceramic solar roof [J]. Journal of the Energy Institute, 2014, 87: 46.

② Jingyi Han, ArthurP.J.Mol, YonglongLu. Solar water heaters in China: A new day dawning [J]. Energy Policy, 2010, 38: 386-387.

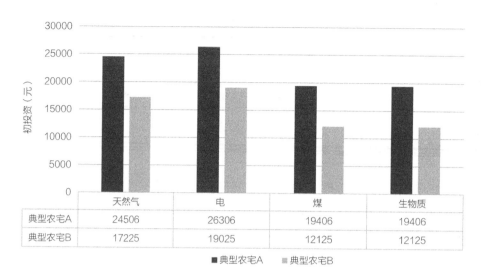

图 6-5　典型农宅不同系统的初投资

对典型农宅 A 和典型农宅 B，不同系统的初投资如图 6-5 所示。可见，电辅助加热系统的初投资最高，而煤与生物质系统均较低。其中，钒钛黑瓷太阳能集热器的投资占比对典型农宅 A 为 57%～77%，对典型农宅 B 为 48%～76%。

6.3.2.2　运行维护费用估算

系统的年运行费用为系统所耗能源总量与能源单价（表 6-18）之积。

能源单价　　　　　　　　　　　　　　　　　表 6-18

能源类型	单价
天然气	3 元 /m³
电	0.5469 元 /kWh
煤	0.95 元 /kg
生物质	0.85 元 /kg

经计算，典型农宅 A 和典型农宅 B 的年运行费用如图 6-6 所示。

系统的年维护费用取初投资的 1%[①]，叠加年运行费用后，各系统的年运行维护费用如图 6-7 所示。其中，电辅助加热系统的运行维护费用最高，而生物质辅助加热系统最低。

6.3.2.3　综合能源价格

综合能源价格指在系统寿命周期内投入的资金累计值与所提供能量之比，是全面反映经济分析对象提供单位能量所需费用的参数。[②] 太阳能供热系统在寿命期内投入的资金主要包

---

① 赵东亮. 空气—水复合集热太阳能供热采暖系统研究与应用 [D]. 上海：上海交通大学，2010：48.

② 祖文超. 复合式太阳能供热系统研究 [D]. 济南：山东建筑大学，2010：65.

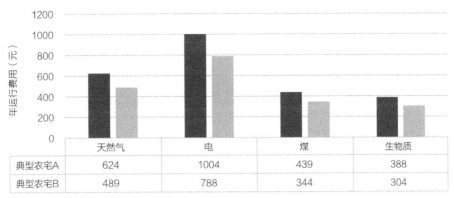

图 6-6 典型农宅年运行费用

	天然气	电	煤	生物质
典型农宅A	624	1004	439	388
典型农宅B	489	788	344	304

■典型农宅A　■典型农宅B

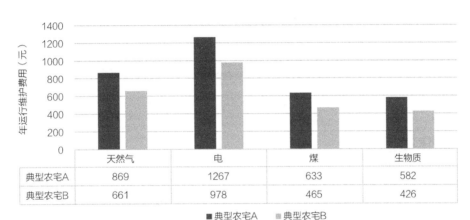

图 6-7 典型农宅年运行维护费用

	天然气	电	煤	生物质
典型农宅A	869	1267	633	582
典型农宅B	661	978	465	426

■典型农宅A　■典型农宅B

括系统的初投资及运行维护费用。[①] 由于资金具有动态特性，为了在同等价值条件下对 4 种不同辅助热源的钒钛黑瓷太阳能供热系统进行经济性的比较，本小节将不同时期投入的资金统一折现为初投资年的现值。[②] 综合能源价格（W）可按式（6-19）计算。

$$W = \frac{L_0 + \sum_1^n Z_t/(1+i)^n}{\sum_1^n E_t} \tag{6-19}$$

式中，L_0：系统的初投资，元；

n：系统的有效使用年限，钒钛黑瓷系统取 50 年；

Z_t：第 t 年的运行费用，元；

i：银行存款的年利率，取 3.5%；

E_t：系统第 t 年提供的能量，MJ。

计算得到的各系统综合能源价格如图6-8所示。可见，无论是典型农宅 A 还是典型农宅 B，

① 徐玉梅. 太阳能采暖在行政办公楼的应用探讨 [J]. 太阳能，2008（05）：42-43.

② 李文博，吕建，解群，等. 村镇住宅太阳能 / 沼气联合采暖系统的经济性分析 [J]. 天津城市建设学院学报，2010（2）：4.

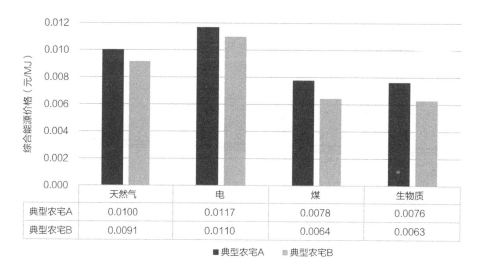

	天然气	电	煤	生物质
典型农宅A	0.0100	0.0117	0.0078	0.0076
典型农宅B	0.0091	0.0110	0.0064	0.0063

■ 典型农宅A　■ 典型农宅B

图 6-8　典型农宅综合能源价格

在经济效益方面，电辅助加热方案的综合能源价格均最高，经济性最差；生物质辅助加热方案的综合能源价格均最低，经济性最好。

6.4　优化模型设计

通过上小节分析可知，生物质锅炉辅助加热方案在节能效益、经济效益和环境效益方面均有显著优势。本研究拟设计一套钒钛黑瓷太阳能集热—生物质锅炉辅热系统，其设计要求包括：①在采暖期安全、高效地运行，稳定地为建筑物提供保证采暖温度所需的热负荷；②在全年保证生活热水的水量和水质；③尽可能采用较高的太阳能保证率；④尽可能降低初投资与运行维护成本；⑤尽可能采用简单而紧凑的系统结构。[①]

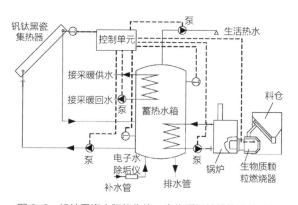

图 6-9　钒钛黑瓷太阳能集热—生物质锅炉辅热系统示意

基于以上要求，本研究所设计的钒钛黑瓷太阳能集热—生物质锅炉辅热系统方案如图 6-9 所示[②③]。本方案采用直接式集热系统，规避了使用防冻液带来的成本、环境与维护等

① 王泽龙，侯书林，赵立欣，等. 生物质户用供热技术发展现状及展望 [J]. 可再生能源，2011，29（4）：72-83.

② 孟玲燕，徐士鸣. 太阳能与常规能源复合空调／热泵系统在别墅建筑中的应用研究 [J]. 制冷学报，2006，27（1）：15-22.

③ 赵沁童. 寒冷地区多能互补热泵系统的性能实验研究 [D]. 兰州：兰州理工大学，2013：5.

问题；采暖工质通过换热器获取蓄热水箱顶部热量，不直接与生活热水混合，保证了生活热水水质。[①]

该系统中的太阳能集热系统与辅助加热系统均采用温差控制方式，其运行状态有 3 种情况：①当日照条件好且建筑物热需求小时，太阳能集热系统单独运行，并将多余的热量储存在蓄热水箱中；②当日照条件较差，太阳能集热系统不能单独满足供热要求时，辅助加热系统启动并全功率运行，与太阳能集热系统共同供热；③当日照条件较差或夜间时，太阳能集热系统不能工作，辅助加热系统单独全功率运行供热。

6.4.1　目标函数

由上述分析可以看出，在钒钛黑瓷太阳能集热—生物质锅炉辅热系统中，集热面积的增加可以减少生物质燃料的使用，降低运行成本，但会增大蓄热水箱容积，增加系统的初投资。同样，生物质颗粒燃烧器功率若增大，可以减少运行时间，延长使用寿命，但也会增加系统的初投资。因此，该系统的初投资和运行成本之间存在着矛盾，有通过合理选择参数进行优化设计的可能。本研究将钒钛黑瓷太阳能集热—生物质锅炉辅热系统一年的运行成本及初投资平均分配到寿命内每年的费用相加，作为线性规划目标函数（$F_{\min}$），如式（6-20）所示。该系统的优化过程，就是寻求目标函数最小值的过程。

$$F_{\min} = F_{o} + F_{iv}/n \qquad （6-20）$$

式中，F_{o}：系统的运行维护成本，元；

$\quad\;\; F_{iv}$：系统的初投资，元；

$\quad\;\; n$：系统的有效使用年限，取 50 年。

本小节所研究的系统初投资相较 6.3.2 中的初投资估算更进一步，包括钒钛黑瓷太阳能集热器、生物质颗粒燃烧器及配套锅炉、蓄热水箱、循环水泵及其他管道仪表等，可由式（6-21）表示。

$$F_{iv} = A_{a}N_{s} + P_{b}N_{b} + V_{t}N_{t} + I_{e} \qquad （6-21）$$

式中，A_{a}：集热器采光面积，m^2；

$\quad\;\; N_{s}$：太阳能集热器的价格，钒钛黑瓷太阳能集热器取 467 元 /m^2；

$\quad\;\; P_{b}$：生物质颗粒燃烧器的功率，W；

$\quad\;\; N_{b}$：生物质颗粒燃烧器的价格，取 0.15 元 /W；

$\quad\;\; V_{t}$：蓄热水箱的容积，m^3；

$\quad\;\; N_{t}$：蓄热水箱的价格，取 1500 元 /m^3；

$\quad\;\; I_{e}$：其他附件的投资，取 5000 元。

同样，本小节所研究的系统运行维护费用也较 6.3.2.2 更进一步，包括生物质颗粒燃料费、燃烧动力费、水泵电费、风机电费、人工费及系统维护费等。如式（6-22）～式（6-24）

---

① 王泽龙，田宜水，赵立欣，等. 生物质能—太阳能互补供热系统优化设计 [J]. 农业工程学报，2012，28（19）：178-184.

所示，生物质颗粒燃料费每月差别较大，需按月计算；其他费用则按年计算。

$$F_o = \sum_{i=1}^{12} F_i + F_p + F_m \qquad (6\text{-}22)$$

$$F_i = (Q_i - E_i A_a \eta_1 n_i) N_p / q_p \eta_2 \eta_3 \eta_5 \eta_6 \qquad (6\text{-}23)$$

$$F_m = F_{iv} \times 1\% \qquad (6\text{-}24)$$

式中，F_i：i 月生物质颗粒燃料费，元；

　　F_p：燃烧的动力费，取 200 元；

　　F_m：系统的维护费，元；

　　Q_i：i 月建筑物耗热量，J；

　　E_i：i 月集热表面月平均日太阳辐射量，J/m^{2}d；

　　η_1：集热板的平均集热效率，取 50%；

　　η_2：生物质颗粒燃烧器的燃烧效率，取 90%；

　　η_3：锅炉的热效率，取 80%；

　　η_5：锅炉盘管换热器的换热效率，取 90%；

　　η_6：采暖盘管换热器的换热效率，取 90%；

　　n_i：i 月的天数，d；

　　q_p：生物质颗粒燃料的热值，取 17×10^6 J/kg；

　　N_p：生物质颗粒燃料的价格，取 0.85 元 /kg。

由式（6-20）~ 式（6-23）得到的目标函数可用式（6-25）表示。

$$F_{min} = (A_a N_s + p_b N_b + V_t N_t + I_e)\left(\frac{1}{n} + 0.01\right) + \sum_{i=1}^{12} \frac{Q_i - E_i A_a \eta_1 n_i}{q_p \eta_2 \eta_3 \eta_5 \eta_6} N_p + F_p \qquad (6\text{-}25)$$

6.4.2　约束条件

生物质颗粒燃烧器的功率需满足的条件是在太阳能集热器不运行的情况下，提供建筑物在采暖期的最大热需求，如式（6-26）所示。

$$p_b \geqslant (Q_H + Q_w)/\eta_3 \eta_5 \eta_6 \qquad (6\text{-}26)$$

生物质锅炉在间歇运行的一个周期内的运行时间，由生物质颗粒燃烧器的功率、太阳能集热器的面积、蓄热水箱的容积共同决定。如在一个周期内，燃烧器的运行时间过短，则说明燃烧器的功率过大或水箱容积过小。若燃烧器的功率过大，会出现成本浪费；若水箱容积过小，则蓄热量不足，将导致燃烧器频繁启动。为使在太阳能集热器和燃烧器共同运行的状况下，燃烧器的运行时间不至于过短，可按式（6-27）对其进行约束。

$$\frac{\rho_w V_t C \Delta T}{3600\left(P_b \eta_3 \eta_5 + \frac{E A_a \eta_1}{3600 t_s} - \frac{Q_H}{\eta_6}\right)} \geqslant t_2 \qquad (6\text{-}27)$$

式中，t_s：采暖期的日平均日照时间，h；

　　t_2：生物质颗粒燃烧器设计的最短运行时间，取 0.5h。

生物质锅炉间歇运行的一个周期内的停止运行时间由蓄热水箱容积和太阳能集热器面积决定。为防止该时间过短，可由式（6-28）对其进行约束。

$$\frac{\rho_w V_t C \Delta T}{3600 \frac{Q_H}{\eta_6}} \geqslant t_1 \qquad (6\text{-}28)$$

由于在寿命周期内太阳能保证率为 100% 的情况是不存在的，需限制其小于当地理论最大全年太阳能保证率，并以式（6-29）表示。

$$A_a \leqslant \frac{86400 \times (Q_H + Q_W) f_{max}}{E \eta_1} \qquad (6\text{-}29)$$

6.4.3 优化方法

为便于钒钛黑瓷太阳能集热—生物质锅炉辅热系统的优化，本研究利用 Microsoft Office Excel 软件编制了一套计算表格。如图 6-10 所示，表格中需要输入的上文中提及的各种参数，其中黑色数据为该种系统的常用数值，一般不需要更改，红色数据则可以根据研究需要或实际情况填写。

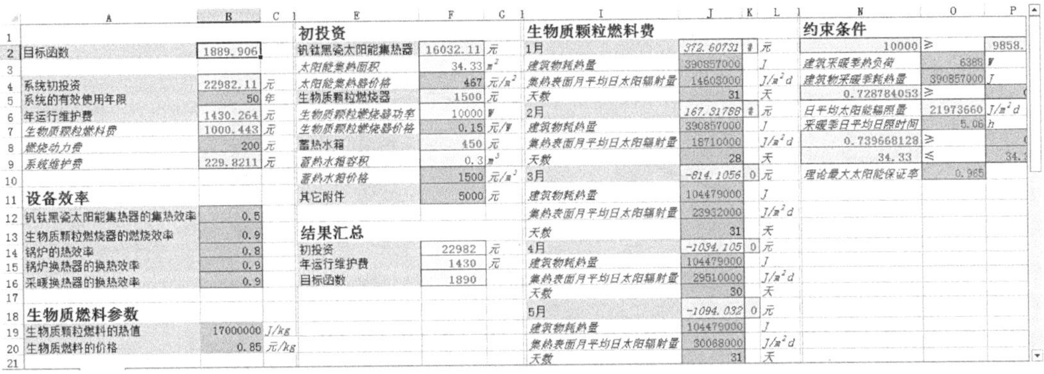

图 6-10　钒钛黑瓷太阳能集热—生物质锅炉辅热系统优化计算界面

6.5 案例优化分析

为了验证优化方法是否正确，针对位于济南地区的典型农宅进行上文设计的参照模型计算及优化分析。计算中采用的集热倾角为 55°，其年采暖天数为 92 天[①]，采暖期平均日照时间为 5.06h。优化设计的前提条件是保证室内冬季采暖计算温度为前文所述的 14℃。

6.5.1 典型建筑 A

6.5.1.1 参照模型

对于采暖期耗热量为 6388W 的典型农宅 A，其生物质颗粒燃烧器的功率不应小于 9858W；

---

① 中华人民共和国住房和城乡建设部. 严寒和寒冷地区居住建筑节能设计标准 [S]. 北京：中国建筑工业出版社，2010: 25.

参照模型取 10kW。按照上文设计，钒钛黑瓷太阳能集热器的面积取 32.01m²，蓄热水箱容积为 2.5m³。此条件下的初投资为 26133 元，年运行维护成本为 1481 元，目标函数为 2003。

6.5.1.2　不同参数对目标函数的影响

（1）燃烧器功率的影响

改变燃烧器功率，保持其他参数不变，计算结果如图 6-11 所示。随着燃烧器功率的增加，初投资、年运行维护费和目标函数均呈线性增加。在本例中，当燃烧器功率由计算出的最低限值 10kW 增大至 14kW，初投资增加了 2.30%，年运行维护费用增加了 0.41%，目标函数提高了 0.90%。

（2）集热面积的影响

改变集热面积，保持其他参数不变，计算结果如图 6-12 所示。随着集热器面积的增大，初投资增加，年运行维护费和目标函数降低。在本例中，当集热面积由 10m² 增大至由估算

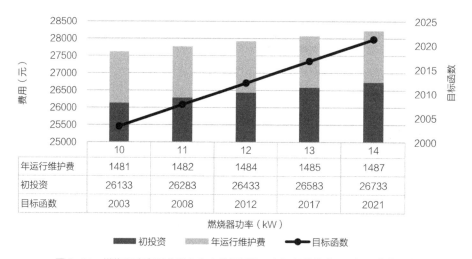

	10	11	12	13	14
年运行维护费	1481	1482	1484	1485	1487
初投资	26133	26283	26433	26583	26733
目标函数	2003	2008	2012	2017	2021

燃烧器功率（kW）

■ 初投资　■ 年运行维护费　—●— 目标函数

图 6-11　燃烧器功率对典型农宅 A 的初投资、年运行维护费和目标函数的影响

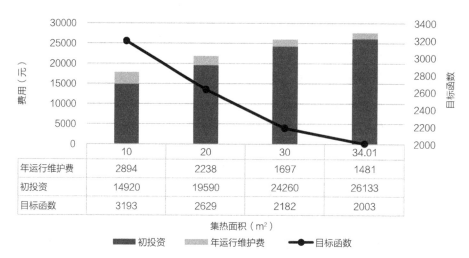

	10	20	30	34.01
年运行维护费	2894	2238	1697	1481
初投资	14920	19590	24260	26133
目标函数	3193	2629	2182	2003

集热面积（m²）

■ 初投资　■ 年运行维护费　—●— 目标函数

图 6-12　集热面积对典型农宅 A 的初投资、年运行维护费和目标函数的影响

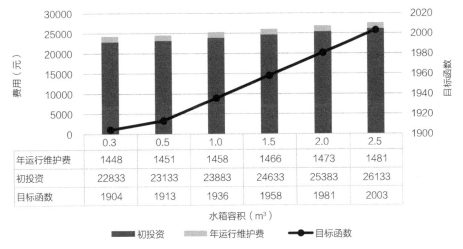

图 6-13　水箱容积对典型农宅 A 的初投资、年运行维护费和目标函数的影响

得出的最高限值 34.01m²，初投资增加了 75.15%，年运行维护费用降低了 48.83%，目标函数降低了 37.27%。

（3）水箱容积的影响

改变水箱容积，保持其他参数不变，计算结果如图 6-13 所示。随着水箱容积的增大，初投资、年运行维护费和目标函数均增加。在本例中，当水箱容积由计算得出的最低限值 0.3m³ 增大至 2.5m³，初投资增加了 14.45%，年运行维护费用增加了 2.28%，目标函数提高了 5.20%。

6.5.1.3　优化模型

根据上述计算对典型农宅 A 进行优化可得，当钒钛黑瓷太阳能集热—生物质锅炉辅热系统中燃烧器的功率为 10kW，集热面积为 34.01m²，蓄热水箱容积为 0.3m³ 时，目标函数取得最小值 1904。也就是说，最优方案为燃烧器功率、集热面积和水箱容积分别取约束条件下的最小值、最大值和最小值。此时，初投资为 22833 元，年运行维护成本为 1448 元。相较参照模型，此优化模型目标函数降低了 4.94%。

在本系统的初投资中，钒钛黑瓷集热器的投资所占比例最大，为 69.56%；蓄热水箱的投资所占比例最小，为 1.97%；生物质颗粒燃烧器的投资占比为 6.57%；其他附件的投资占比为 21.90%。在运行维护成本中，生物质颗粒燃料费占 70.37%，系统维护费占 15.75%，燃烧动力费占 13.81%。

6.5.2　典型建筑 B

6.5.2.1　参照模型

对于采暖期耗热量为 3661W 的典型农宅 B，其生物质颗粒燃烧器的功率不应小于 5650W；参照模型取 6kW。按照上文设计，钒钛黑瓷太阳能集热器的面积取 20.89m²，蓄热水箱容积为 1.5m³。

此条件下的初投资为 17906 元，年运行维护成本为 1005 元，目标函数为 1363。

6.5.2.2 不同参数对目标函数的影响

（1）燃烧器功率的影响

改变燃烧器功率，保持其他参数不变，计算结果如图 6-14 所示。随着燃烧器功率的增大，初投资、年运行维护费和目标函数均呈线性增加。在本例中，当燃烧器功率由计算出的最低限值 6kW 增大至 10kW，初投资增加了 3.35%，年运行维护费用增加了 0.60%，目标函数提高了 1.32%。

（2）集热面积的影响

改变集热面积，保持其他参数不变，计算结果如图 6-15 所示。随着集热器面积的增加，初投资增加，年运行维护费和目标函数降低。在本例中，当集热面积由 5m² 增加至由估算得出的最高限值 20.89m²，初投资增加了 7.78%，年运行维护费用降低了 65.36%，目标函数降低了 56.19%。

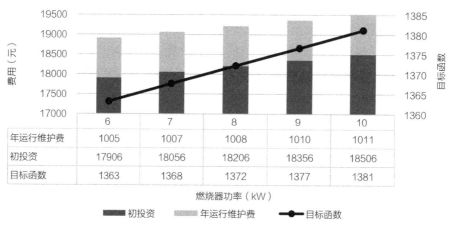

燃烧器功率（kW）	6	7	8	9	10
年运行维护费	1005	1007	1008	1010	1011
初投资	17906	18056	18206	18356	18506
目标函数	1363	1368	1372	1377	1381

图 6-14 燃烧器功率对典型农宅 B 的初投资、年运行维护费和目标函数的影响

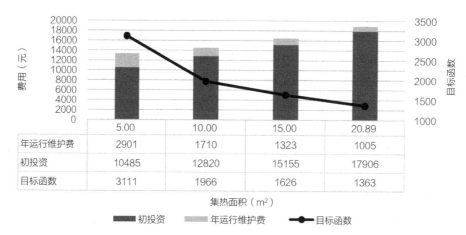

集热面积（m²）	5.00	10.00	15.00	20.89
年运行维护费	2901	1710	1323	1005
初投资	10485	12820	15155	17906
目标函数	3111	1966	1626	1363

图 6-15 集热面积对典型农宅 B 的初投资、年运行维护费和目标函数的影响

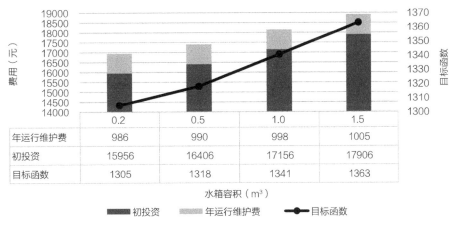

图 6-16　水箱容积对典型农宅 B 的初投资、年运行维护费和目标函数的影响

（3）水箱容积的影响

改变水箱容积，保持其他参数不变，计算结果如图 6-16 所示。随着水箱容积的增大，初投资、年运行维护费和目标函数均增加。在本例中，当水箱容积由计算得出的最低限值 0.2m³ 增大至 1.5m³，初投资增加了 12.22%，年运行维护费用增加了 1.93%，目标函数提高了 4.44%。

6.5.2.3　优化模型

根据上述计算对典型农宅 B 进行优化可得，当钒钛黑瓷太阳能集热—生物质锅炉辅热系统中燃烧器的功率为 6kW，集热面积为 20.89m²，蓄热水箱容积为 0.2m³ 时，目标函数取得最小值 1305。也就是说，最优方案为燃烧器功率、集热面积和水箱容积分别取约束条件下的最小值、最大值和最小值。此时，初投资为 15956 元，年运行维护成本为 986 元。相较参照模型，此优化模型目标函数降低了 4.26%。

在本系统的初投资中，钒钛黑瓷集热器的投资所占比例最大，为 61.14%；蓄热水箱的投资所占比例最小，为 1.89%；生物质颗粒燃烧器的投资占比为 5.64%；其他附件的投资占比为 31.34%。在运行维护成本中，生物质颗粒燃料费占 63.49%，系统维护费占 25.56%，燃烧动力费占 20.28%。

6.6　本章小结

本章对研究所用的典型建筑进行了选型分析，针对不同热工性能的典型农宅所采用的钒钛黑瓷太阳能供热系统做出了设计，并选择了节能、经济、环保的辅助能源。通过分析得出了集热—辅热系统的主要参数，建立了其优化模型，并以典型农宅为例做出了优化设计。

在典型农宅建筑选型方面，利用 DesignBuilder 软件对 33 组面宽进深比及屋顶形式不同的单层农宅模型的建筑成本、建筑采暖能耗费用、集热系统产能的经济价值进行了模拟与估算，得出最适宜利用太阳能集热的农宅形式为面宽与进深之比较大的平屋顶建筑。以济南地区为例，分别选取了户型相同而热工性能不同，且可代表既有非节能农宅建筑与新建节能农宅建筑的 2 种典型农宅建筑模型作为研究对象。

在钒钛黑瓷农宅供热系统设计方面，计算了上述两种典型农宅的耗热量。在阐述最佳倾角选择方法的基础上，估算了集热面积与水箱容积，为后续研究提供了数据基础。

在辅助能源选择方面，经过计算得出，不论是在节能效益、经济效益还是环境效益方面，生物质锅炉系统均为最佳方案，故建立了钒钛黑瓷太阳能集热—生物质锅炉辅热的农宅供热系统。

在优化模型设计方面，针对钒钛黑瓷太阳能集热—生物质锅炉辅热的农宅供热系统阐述了水箱容积、生物质锅炉燃烧器功率、水泵流量与功率等主要参数的计算方法。以线性规划方法确定了系统的目标函数与约束方法，并利用 Microsoft Office Excel 建立了便于优化设计的计算表格。

在案例优化分析方面，以上述典型农宅为例，利用计算表格得到了参照模型的目标函数。对燃烧器功率、集热面积和水箱容积数值进行变化，得到最优组合方案，即燃烧器功率、集热面积和水箱容积分别取约束条件下的最小值、最大值和最小值。经优化，典型农宅 A 和典型农宅 B 的目标函数分别下降了 4.94% 和 4.26%。在各影响因素中，太阳能集热器价格对目标函数影响最大，所以成本低廉的钒钛黑瓷太阳能集热器相对于传统集热器而言优势明显。

7

钒钛黑瓷太阳能集热器的
建筑集成优化设计

在太阳能热利用技术的发展过程中，与建筑物相结合的方式是必须解决的重要问题。目前，太阳能建筑一体化的理念被广泛接受，认为太阳能热利用系统与建筑的结合应该在设计时就统一考虑，将系统全部作为建筑的一个有机组成部分，与建筑形成一个有机的整体，达到太阳能热利用系统排布科学、有序、安全、规范，进而充分发挥环保节能作用。

为了能够使钒钛黑瓷太阳能集热系统在建筑中得到推广应用，充分发挥其特有的集热优势，也必须达到从规划、设计到施工、管理的建筑一体化。其中，集热器与建筑的集成设计是实现建筑一体化的基础。因此，本章重点研究钒钛黑瓷太阳能集热器与建筑的集成设计方法，探索设计策略和设计要点，根据居住建筑和公共建筑不同的功能要求，总结归纳出集热器的相关设计参数，能够指导在工程实践项目中的直接运用。此外，本章还针对屋面及墙面的集成细部构造做出了设计，并分析了多种典型构造的热工性能。

7.1　建筑集成设计的要求、特点及原则

7.1.1　建筑集成设计的要求

钒钛黑瓷太阳集热器与建筑的集成设计是指建筑师分析特定设计场地的生态环境，根据当地的具体气候、温度、纬度、日照等设计条件以及建筑类型和主要使用功能，确定集热器主要加热工质的类型、集热器的面积、安装部位、构造做法等，配合建筑设计的过程，让集热器成为建筑的有机组成部分，作为建筑系统的一个功能模块，形成建筑师特有的"建筑语言"，成为建筑系统与自然生态系统能量交换的场所。

因此，虽然本章讨论的是钒钛黑瓷集热器与建筑的集成设计，但是不仅仅涉及建筑构造领域。在集成设计时，应该首先研究建筑的使用功能和室内环境要求，进而依次确定以下内容：

集热器的主要使用季节。

需要单独加热水或者单独加热空气还是同时加热水与空气。

同时加热水与空气时，哪种工质优先加热。

　　根据需要优先满足的工质加热温度确定集热器面积。

　　根据建筑类型、集热器面积和加热工质确定集热器安装位置。从缩短管道、使用方便等角度考虑，一般住宅等使用空间较小的建筑可采用墙面或阳台板的壁挂式分散集热、分散储热；热水、热风量需求较大或使用空间较大的建筑可采用屋面安装的方法，集中集热、集中储热。

　　根据不同的安装位置，确定构造方法，结合陶瓷集热器的特点，使集热器与建筑共用保温层与结构层，减少构造层次，简化构造做法，实现一体化。

7.1.2　建筑集成设计的特点

　　钒钛黑瓷太阳能集热器与建筑集成即将集热器与建筑结构完美结合，实现功能和外观的和谐统一，它具有以下几个特点[1]。

　　（1）将太阳能集热器与建筑的使用功能有机地结合起来。根据建筑类型与外观，利用建筑南向墙体或屋顶布置足够面积的集热器，充分满足热水、预热新风和采暖的要求。

　　（2）将集热器作为建筑构件进行设计。结合集热器可设计通风屋面，实现通风隔热的作用；或者将集热器设计为阳台栏板或墙体的一部分，实现一定的围护作用。

　　（3）同步规划设计，同步施工安装。将集热器与新风设备、采暖设备、生活热水系统结合，节省太阳能集热系统的安装成本和建筑成本，一次安装到位，避免后期施工对用户生活、工作造成不便以及对建筑已有结构造成损害。

　　（4）综合使用材料，严谨进行建筑构造设计。利用集热器自身构造特点，与建筑物共同使用保温层，降低总造价，减轻建筑荷载。

　　（5）为了实现良好的建筑集成效果，一般采用分体式系统设计。

7.1.3　建筑集成设计的原则

7.1.3.1　规划设计原则

　　在进行钒钛黑瓷太阳能集热器应用时，从规划设计阶段入手，应满足下列要求[2]。

　　（1）对于将设计安装太阳能集热器的建筑，主要朝向宜朝南，如果根据场地要求朝向需要偏转，一般为南偏东、西不超过30°。如果建筑偏转过大，则集热器不宜安装于墙面，应在屋面按适宜朝向设置。

　　（2）在进行建筑群体布局或建筑单体的体形及空间组合设计时，应该结合日照分析，充分考虑到为接收太阳照射创造条件，避免相互遮挡与自遮挡，满足太阳能集热器有不少于4h日照时数的要求。另外，在建筑物周围设计景观设施及周围环境配置绿化时，也要进行集热器的日照时长分析，避免对投射到太阳能集热器上的阳光造成遮挡。

① 高辉，何泉. 太阳能利用与建筑的一体化设计 [J]. 华中建筑，2004，01: 88-90.
② 郑瑞澄. 民用建筑太阳能热水系统工程技术手册 [M]. 北京：化学工业出版社，2004: 64-78.

（3）在建筑屋面设置集热器时，应该合理安排集热器的位置，不能因太阳能集热系统设施的布置影响相邻建筑的日照标准。

（4）了解业主对热水、热风的主观使用量和时间等的需求，明确规划区域内辅助常规能源的类型，根据用地自然条件、业主的经济承担能力、供热管理模式等综合分析，确定选择太阳能集热系统的类型和规模。

7.1.3.2 建筑设计原则

在钒钛黑瓷太阳能集热器与建筑集成的设计中，在按照《民用建筑太阳能热水系统应用技术规范》GB 50364-2005 遵循以下原则[①] 的同时，还具有自身的一些特点。

（1）外观方面

实现集热器与建筑完美结合，合理布置太阳能集热器。无论在屋顶、阳台还是在墙面上，都要使集热器成为建筑的一部分，实现二者的协调、统一。

钒钛黑瓷集热器的色彩虽然会受到玻璃盖板的影响，但外观基本为黑色，色彩较重。在设计时，要充分考虑到集热器面积的大小对整体色彩的影响，结合不同材质和色彩的金属外框，与建筑同步设计，力争将集热模块作为一个色彩元素加入建筑的外立面中，既能丰富立面效果，又不显得突兀。

（2）结构方面

妥善解决集热器的安装问题，确保建筑物的承重、防水等功能不受影响，还应充分考虑太阳能集热器抵御强风、暴雪、冰雹等的能力。

在既有建筑上增设钒钛黑瓷太阳能集热器，必须经建筑结构安全复核，并应满足建筑结构及其他相应的安全性要求。

钒钛黑瓷集热器因为吸热板材质容重大和断面形式容量大的原因，充满水或防冻介质后，比相同面积的金属平板集热器和玻璃真空管集热器的重量大，因此结构连接上应充分考虑承重和抗拉拔的作用。一般情况下，只要符合施工质量要求，按照现行的集热器安装方法，结合预埋件焊接螺栓固定，完全能够满足结构要求。

（3）管路布置方面

合理布置太阳能循环管路、冷热水供应管路和预热新风管路，建筑物上事先留出所有管路的接口、通道。

为了更好地与建筑结合，钒钛黑瓷集热器更适于采用分体式的系统设计。在供热水的管路设计上与普通集热器相同，在预热新风的管路设计上，则需尽量减小管路的长度，加强管路保温。这就要求集热器最大限度接近需要供热的使用空间，送风途径便捷。对于壁挂式的安装方式，可以将集热器出风口处管道直接通过后侧墙壁的预留洞送入室内，在墙内壁安装过滤装置和散流器，由此输送预热空气。对于屋顶集中集热的大面积集热器，需要将管道结合坡屋面的屋脊下部或集热器与屋面形成的架空层等空间设置，然后送入室内大面积的使用

---

① 中华人民共和国建设部，中华人民共和国国家技术监督局. 民用建筑太阳能热水系统应用技术规范 [S]. 北京：中国建筑工业出版社，2005.

房间。长距离管道应注意保温。

（4）系统运行方面

要求系统可靠、稳定、安全，易于安装、检修、维护，合理解决太阳能与辅助能源加热设备的匹配，尽可能实现系统的智能化和自动控制。

钒钛黑瓷集热器自身的防冻性能较差，在热水系统运行的过程中，应在集热器中使用防冻液，如果使用水做介质，则冬季夜间应进行排空。所以在系统设计中要充分考虑防冻措施，避免钒钛黑瓷吸热板被冻裂。

7.2 建筑集成设计的途径

针对钒钛黑瓷太阳能集热器，特别是双效钒钛黑瓷集热器的集热、供热特点，其主要使用功能有：给予一定面积的室内空间提供预热新风，起到秋冬或冬春过渡季节供暖作用、冬季作为常规供暖的热量补充、通过通风换气满足健康需求；提供生活热水；如果集热面积足够大，产生的热水可并入常规采暖系统。

基于以上功能分析，该类型集热器适合住宅、幼儿园、中小学、小型办公及对室内空气质量有一定要求的工业建筑使用。因此，在探讨建筑集成设计途径的过程中，本文以最为普遍且易于推广的住宅建筑和以幼儿园为代表的公共建筑为例进行研究。

7.2.1 住宅建筑

在住宅建筑中，本小节以目前最为量大面广的新建高层住宅为研究对象，其研究成果也可推广至多层住宅建筑、乡村卫生院、小型办公等建筑类型。

7.2.1.1 设计要点

（1）安装位置

如果将集热器安装于屋顶，集热系统的管线数目很多。仅上下水管道每户至少2根，层数越多，住户越多，假设12层住宅，一个单元24户，管道多达48根，布置困难，占地较大，管道井维修不便利。对于输送预热空气来说，管线越长，热损越大，采暖效果不明显，造价高。因此，对于高层建筑而言，该类型集热器不适于在屋顶安装。

高层住宅中的典型性平面中，南向房间一般为客厅和主卧，或者全部为卧室。因为面积不同，开间有差异，但总体来说，南向房间多与阳台相连，即使没有开敞的阳台，也具备足够长度的窗下墙体。图7-1、图7-2为板式高层的典型平面，图7-3、图7-4为蝶式住宅的典型平面。如图所示，高层住宅普遍具备利用南向墙体和阳台板布置集热器的条件，而且送风管道能够直接进入室内，路径简短便捷，热损失小，储热水箱可放置于阳台，热利用系统与建筑结合较好。

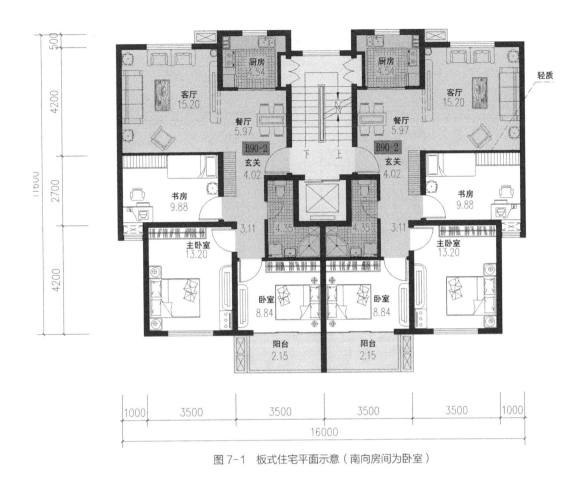

图 7-1 板式住宅平面示意（南向房间为卧室）

图 7-2 板式住宅平面示意（南向房间为卧室和客厅）

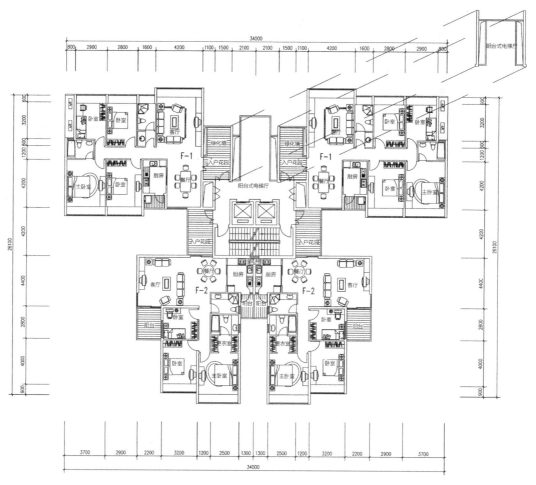

图 7-3 蝶式住宅平面示意（南向房间为卧室）

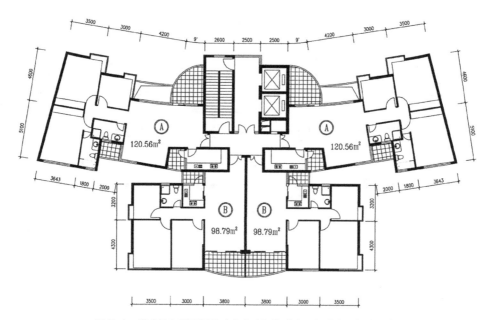

图 7-4 蝶式住宅平面示意（南向房间为卧室及部分户型的客厅）

（2）系统特点

以集热器设置于建筑立面为前提，则应采用分体式太阳能系统，分散集热、分散储热。在建筑的立面安装太阳能集热器，将各户的贮水箱灵活地安装在室内或阳台。对于预热空气来说，各户的围护结构则成为储热构件，实现被动式储能。总的来说，各户独立集热与储热系统，使用上互不干涉，责任与权益明确，管理和维护简单，水箱安置于室内，保温效果好。该系统有以下几方面特点。

1）每户独立、产权清晰

每户系统独立运行，互不干扰。如果局部出现故障不会影响其他用户的使用，不受住宅入住率的影响。制热水成本核算方式简单明了，制约影响因素少，分户计量便于物业管理，随住随用，无计费纠纷。

2）利于和建筑外观结合

集热器不需要集中大面积布置，每户集热器面积在 $2 \sim 4m^2$，可灵活地与墙、阳台栏板、格栅构架等建筑立面元素结合。根据用水点位置和室内空间要求，贮水箱可安装于阳台、厨房或卫生间，不影响建筑外观。有效利用外立面，解决屋面集热面积不足的难题。

3）管线清晰

若将集热器安装于屋顶，高层住宅层数越多，管线越多，所需要安置管线的空间越大。集热器安装于每户的外墙，每户管线互不干扰，简单清晰，且可隐藏于室内，不占用建筑空间。

4）无效冷水少

集热器和贮水箱都安装于用水点附近，管线很短，基本上无无效冷水；始终保证用水的舒适度和卫生。

5）热水的传热采用间接传热系统

因为集热器的保温性能有限，因此宜选用双回路循环的系统。使用防冻液作液体循环介质，可实现系统防冻，使其在寒冷地区也可使用。防冻液通过换热器将热量传递给储热箱内的水，热水不与集热器和循环管道中的传热介质接触，可保证水质的卫生。

6）输送预热新风便捷

集热器安装于南向卧室、起居室的外墙或阳台板上，可直接向室内空间输送预热新风，或通过阳台间接进入室内。因为在过渡季节和采暖季，阳台可起到阳光间的作用，不但不会使预热新风量有损耗，还会起到进一步加热新风的作用。

（3）系统类型

根据热水的运行方式，该集热系统可分为自然循环和强制循环两种类型。自然水循环系统的贮水箱必须高于集热器，水循环不需要附加动力，结构简单，造价较低；强制水循环系统的贮水箱位置可根据室内空间比较灵活地选择，水循环需要泵机的作用，系统投入较高。

1）分户集热—分户储热—自然循环—间接换热系统

如图 7-5 所示，自然循环的原理是不同温度的水的比重不一样，温度高的传热防冻介质自然上升到水箱上层，温度低的介质下降进入集热器被加热，如此往复循环，水箱中的介质通过换热器最终加热水箱中的水。当水箱水温达不到设定的使用所需温度时，辅助能源启动

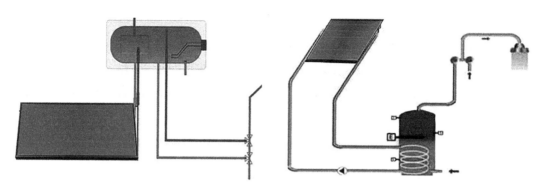

图7-5 分户集热—分户储热—自然循环—间接换热热水   图7-6 分户集热—分户储热—强制循环—间接换热
系统原理   系统原理

进行辅助加热。水箱为双内胆承压式，冷水进、热水出的顶水法供水，保证了冷热水供水同源等压，使用起来方便舒适。

2）分户集热—分户储热—强制循环—间接换热系统

如图7-6所示，系统中传热介质靠泵来强制循环。系统中装有控制系统，当集热器顶部的介质温度与蓄水箱底部温差达到某一限定值的时候，控制装置就会自动启动水泵，进行介质的循环；反之停止循环。介质的热量在水箱中通过换热器传递给水。因此泵的作用，水箱的位置不必一定高于集热器，系统布置比较灵活。储水箱内配有辅助电加热系统，承压运行，系统性能稳定。

（4）系统的局限与改善

分体式系统更利于输送水和预热空气，有效解决了高层住宅屋顶面积不足的难题。但是集热器与墙面结合，在安装角度和位置上存在一定局限性，可能影响太阳辐射接收量。

1）安装倾角受限

集热器安装于阳台板或墙面时，从美观和高集成度的角度考虑，集热器最好能够垂直安装，与墙体立面直接组合。但是这种角度过大，不是集热器接受阳光照射的最佳角度，会严重影响集热器的太阳辐射吸收量，降低系统的集热效率。因此最好将集热器置于接受阳光照射的最佳倾角，并通过建筑设计的手法使其与阳台板或墙体比较美观地结合；如果安装角度必须选择90°，则应该通过集热效率的折损合理增加集热器面积，保证充足的太阳辐射吸收量。

2）低层和凹入的南向墙面日照时间受限

由于可能会受到其他建筑物的遮挡，高层住宅的低层住户日照条件普遍较差。另外，当受户型影响，部分南向墙面采用凹入设计退后于其他围护墙体时，集热器会受到建筑物自身的遮挡。采用分体式集热系统选择立面安装集热器，应当首先进行日照分析，确定合理的安装位置，尽量满足集热器在大寒日累计4小时的太阳辐射要求。如果没有满足日照要求的安装位置，则需要增加集热器面积或提前开启辅助热源，以保证得到足够热量。

7.2.1.2　设计参数

在住宅建筑中确定双效太阳能集热器的相关参数，需要根据生活热水量和新风量两方面的需求来确定。本文在设计参数的确定过程中，凡涉及气候条件、地理位置的参数，均选用双效陶瓷太阳能集热器热性能实验的所在地——济南的数据。

（1）由所需生活热水量确定集热器面积

本文所采用的热水系统是间接系统，根据《民用建筑太阳能热水系统应用技术规范》GB 50364-2018 的规定，间接系统的集热面积可按式（7-1）计算。

$$A_{IN} = A_C \times \left(1 + \frac{U \times A_C}{U_{hx} \times A_{hx}}\right) \quad (7\text{-}1)$$

式中：

1）A_C：直接式系统集热器采光面积，m^2。

$$A_C = \frac{Q_w \rho_w C_w (t_{end} - t_i)f}{J_T \eta_{cd}(1 - \eta_L)} \quad (7\text{-}2)$$

2）Q_w：日均用水量，kg。

根据《建筑给水排水设计规范》GB 50015-2003 和《民用建筑节水设计标准》GB 50555-2010，济南作为节水标准中的二区特大城市，可计算出住宅类建筑热水节水用水定额，以此作为计算采用的日均用水量，如表 7-1 所示。

住宅热水平均日用水定额^①

表 7-1

热水供应和设备	平均日用水定额	单位
有自备热水供应和淋浴设备	30~46	L/人·d
有集中热水供应和淋浴设备	34~56	

注：水温按60℃计算。

3）ρ_w：水的密度，（kg/L）。

4）C_w：水的定压比热容，4.2kJ/（kg·K）。

5）t_{end}：贮水箱内水的终止设计温度。

《建筑给水排水设计规范》规定：热水供应温度宜在 55~60℃之间。因为当水温大于60℃时，有诸多弊端：一是加速设备与管道的结垢和腐蚀，二是增大系统热损失耗能，三是降低供水的安全性。而温度低于55℃时，则不易杀死滋生在温水中的各种细菌。因此，本文按照60℃计算。

6）t_i：水的初始温度。

水的初始温度可根据冷水计算温度确定。《建筑给水排水设计规范》规定，冷水计算温度应根据当地最冷月平均水温资料确定，当无水温资料时，可按规范中所列表格资料选取，其中山东的冷水计算温度为 10~15℃，本文取 10℃。

7）J_T：当地集热器采光面上的年平均日太阳辐照量，kJ/m^2，济南为 17447 kJ/m^2。

8）f：太阳能保证率，%。

太阳能保证率根据系统使用期内的太阳辐照、系统经济性及用户要求等因素综合考虑后

① 中华人民共和国住房和城乡建设部，中华人民共和国国家技术监督局. 民用建筑节水设计标准 [S]. 北京：中国建筑工业出版社，2010.

确定，一般在30%～80%的范围内。①《民用建筑太阳能热水系统工程技术手册》中按照我国太阳能辐射资源划分（水平面上的年太阳能总辐射量），给出了各地区的太阳能保证率的选择范围（表7-2）。济南属于太阳能资源一般区，参照此表，太阳能保证率宜为40%～50%。本文选取45%。

不同太阳能资源区的太阳能保证率[2]　　　表7-2

资源区划	年太阳辐照量［MJ/（m²·a）］	太阳能保证率
Ⅰ资源极富区	≥ 6700	60%～80%
Ⅱ资源丰富区	5400～6700	50%～60%
Ⅲ资源较富区	4200～5400	40%～50%
Ⅳ资源一般区	≤ 4200	30%～40%

9）η_{cd}：集热器年平均集热效率，根据经验取值宜为0.25～0.50，具体取值应根据集热器产品的实际测试结果而定，根据本文第三章实测结果，取0.39。

10）η_L：集热器及贮水箱热损失率，根据经验取值宜为0.20～0.30，按0.25计算。

11）A_{IN}：间接系统集热器总面积，m²。

12）U：集热器总热损系数，W/（m²·℃）。

对于平板型集热器，宜取4～6W/（m²·℃）；

对于真空管集热器，宜取1～2W/（m²·℃）；

结合陶瓷热水器的测试情况，本文取5W/（m²·℃）。

13）U_{hx}：换热器传热系数，W/（m²·℃），本文选用不锈钢管换热器，为454W/（m²·℃）。

14）A_{hx}：换热器换热面积，m²，本文采用的热水器产品，集热面积2m²、水箱容积150L的热水器的换热面积为0.45m²，其他体积的水箱可按此折算选取。

集热器面积的补偿与修正：

如果在建筑功能或美观要求等条件的制约下，在实际工程中集热器无法按照最佳倾角和方位角设置，为了满足集热需求，可以在投资能力和建筑条件允许的情况下，对计算出来的集热器面积适当放大。《太阳能集中热水系统选用与安装》06SS128给出了国内20个主要城市的集热器面积补偿比以及补偿面积的计算方法，见式（7-3）。

$$A_b = A/R \qquad (7-3)$$

式中，A_b：进行面积补偿后实际确定的太阳能集热器面积；

A：计算得出的太阳能集热器面积；

R：太阳能集热器安装方位角和倾角所对应的补偿面积比，济南地区可按表7-3选取。

在本文中，对于集热器的最佳倾角已于3.2.1.1中进行了讨论，认为济南地区适宜冬季

① 中华人民共和国建设部，中华人民共和国国家技术监督局. 民用建筑太阳能热水系统应用技术规范[S]. 北京：中国建筑工业出版社，2005.

② 郑瑞澄. 民用建筑太阳能热水系统工程技术手册. 北京：化学工业出版社，2004(1): 64-78.

使用的集热器倾角为 42°，与表 7-3 所列数值有差异。结合实际工程经验，本文对于倾角为 90°、方位角为正南的集热器补偿面积比取值为 80%。

济南太阳能集热器补偿面积比 R[①]　　　　　　　　　　表 7-3

济南									纬度 36°41′			经度 116°59′			海拔高度 52m			
方位角 倾角	东	-80	-70	-60	-50	-40	-30	-20	-10	南	10	20	30	40	50	60	70	80	西
90	53%	56%	58%	60%	62%	63%	64%	65%	65%	65%	65%	65%	64%	63%	62%	60%	58%	56%	53%
80	60%	62%	65%	67%	69%	71%	73%	74%	74%	74%	74%	74%	73%	71%	69%	67%	65%	62%	60%
70	66%	69%	72%	74%	77%	79%	80%	82%	82%	83%	82%	82%	80%	79%	77%	74%	72%	69%	66%
60	72%	75%	78%	81%	83%	85%	87%	88%	89%	89%	89%	88%	87%	85%	83%	81%	78%	75%	72%
50	78%	81%	84%	86%	89%	91%	92%	94%	94%	95%	94%	94%	92%	91%	89%	86%	84%	81%	78%
40	83%	86%	88%	91%	93%	95%	96%	97%	98%	98%	98%	97%	96%	95%	93%	91%	88%	86%	83%
30	88%	90%	92%	94%	96%	97%	98%	99%	100%	100%	100%	99%	98%	97%	96%	94%	92%	90%	88%
20	91%	93%	94%	95%	97%	98%	99%	99%	100%	100%	100%	99%	98%	98%	96%	95%	94%	93%	91%
10	93%	94%	95%	96%	96%	97%	97%	98%	98%	98%	98%	98%	97%	97%	96%	96%	95%	94%	93%
水平面	94%	94%	94%	94%	94%	94%	94%	94%	94%	94%	94%	94%	94%	94%	94%	94%	94%	94%	94%

说明：表中粗线范围内的数据为数值在 90% 以上的太阳能集热器面积补偿比。

结论：

以济南地区为例，按上述过程进行计算，可得以下集热器面积，见表 7-4。实际工程中，可根据户型面积和每户人数按表合理选择。

根据用水量确定的热水器集热面积（ m^2 ）　　　　　　表 7-4

热水器类型		90L（1~2 人）	120L（2~3 人）	150L（3~4 人）	200L（4~5 人）
直接系统	最佳倾角 42° 放置	1.67	2.22	2.78	3.70
	垂直放置	2.00	2.66	3.34	4.44
间接系统	最佳倾角 42° 放置	1.78	2.37	2.97	3.95
	垂直放置	2.14	2.84	3.56	4.74

注：计算可知，间接系统的集热面积是直接系统的 1.068 倍。

（2）由所需预热新风量确定集热器面积

1）住宅建筑中新风的作用

新风对住宅来说主要有以下作用：混合并稀释室内产生的污染物；提供室内人员呼吸所需的氧气；提供室内燃具燃烧所需的氧气；补充室内局部排风量，如厨房的抽油烟机排风和卫生间排气；维持室内各房间之间一定的压力梯度，如维持卧室、起居室、书房等房

[①] 中国建筑标准设计研究院. 太阳能集中热水系统选用与安装 [S]. 北京：中国计划出版社，2006.

间空气压力略高于餐厅、厨房、卫生间等房间空气压力，防止厨卫空间的空气污染其他使用空间。[①]

2）住宅建筑新风量的影响因素分析

影响居住建筑新风量的因素可分为直接因素和间接因素。

直接因素包括室内人员多少、室内污染物类型和浓度、室内采暖燃烧设备的类型和局部排风设备的设置、室内房间大小布局与门窗位置等。

间接因素包括家庭经济水平、家庭形态、城市环境、饮食习惯、通风效率等。

家庭的经济水平会决定室内装修使用的材料质量，从而在一定程度上决定了室内污染物类型与浓度；不同的家庭形态决定了不同的家庭成员结构，在家人数与停留时间均有不同，所需的新风量也会存在较大差异；目前我国不同城市，空气质量状况不同，新风污染情况也各不相同，直接影响了新风量和对新风的洁净要求；不同的餐饮习惯产生的油烟量不同，一般情况下，中餐会产生较多油烟，因此就需要较大的新风量；另外，不同的平面组织，通风路径不同，室内空气龄也会有很大差别。

3）住宅建筑通风模式与新风量的相关研究与探讨

在该领域，各国针对本国国情均进行了大量研究，我国学者也进行了相关的探讨和分析。付祥钊等[②]分析了通风方程中室内污染物浓度、室内污染物散发量、新风中污染物浓度等三个参数的社会学相关的指标，提出住宅新风量应是一个可调节的范围而非定值。王军等对新风量标准的理论基础、国内外新风量标准的构成与差异进行比较，指出了我国现行新风量标准所存在的问题[③]，结合人体呼吸模型建立了室内人员所获得有效新风量的计算模型，并对不同通风模式、新风量大小和污染源强度影响下的有效新风量的特征性作出了分析[④]。王智超等[⑤]对国内几个大城市住宅进行测试，指出自然通风已经无法满足基本新风需求，提出了机械通风的解决方案及对应原则。吕铁成等[⑥]进行了典型住宅的换气实验，认为机械集中送排风系统中，在客厅集中排风的换气效果与在客厅和卧室同时排风的换气效果相近，因此可以把排风口设在客厅，简化系统。

以上研究显示，目前国内住宅，特别是新建住宅，密闭性普遍较好，换气次数较少。在门窗紧闭的情况下，靠自然渗透的换气量已经远远不能满足人们对改善室内空气品质的要求。而开窗通风时通风量、气流组织不易控制，不能保证室内环境的稳定与均匀，受季节和天气因素影响大，容易受到噪声污染，而且在采暖季和空调使用期会造成大量的能源浪费。因此需要进行适当的机械通风。

研究认为，在机械进排风、机械进风与自然排风、自然进风与机械排风等多种机械通风

① 李兴友. 关于居住建筑新风量的探讨 [J]. 福建建筑，2012，11(173)：90-91.

② 付祥钊，陈敏. 对住宅新风量的社会学思考 [J]. 重庆建筑，2009，65(3)：1-4.

③ 王军，张旭. 室内新风量标准的体系构成差异及存在问题 [J]. 环境与健康杂志，2011，28(3)：265-267.

④ 王军，张旭. 建筑室内人员有效新风量及其特征性分析 [J]. 洁净与空调技术，2011，09(3)：10-13.

⑤ 王智超，王宏恩，唐冬芬. 住宅的通风问题及其对策 [J]. 住宅科技，2006，10：51-56.

⑥ 吕铁成，李振海. 典型住宅的换气试验及分析 [J]. 能源技术，2007，28(3)：175-177.

模式中，结合风管、风机的设置，可将排风口设在厨房、卫生间等高污染浓度区域，进风口设在卧室、起居室，确保人员活动、休息区域必要的新风量首先进入卧室、起居室，混合并稀释室内污染物后，流入厨房、卫生间，排出室外。该模式可以保证室内空气的最佳洁净度。

基于上述分析，本文研究的双效陶瓷太阳能集热器将送风口设置于南向的卧室或起居室，结合厨房、卫生间的排风设备，可以形成一套完整的机械通风系统，完全符合住宅的新风要求。由于集热器与房间直接连接，管道简洁、设备简单，能够简化系统，降低成本。

4）住宅建筑新风量的现行标准

目前世界各国对于室内新风量的标准没有统一的认识，我国相关规范和标准虽然对于住宅新风量的取值均有要求或建议，但规定并不完全相同。[①] 另外，在相关建筑节能设计标准中，对新风量计算取值也作了规定，作为节能判断依据之一。由此可见，新风量的选取不但与室内健康舒适有关，还与建筑节能密切相关。因此，新风量的选定非常重要，有关具体规定见表7-5。

我国规范、标准对于住宅室内新风量的相关规定　　　　　　　　　表7-5

规范或标准名称	规定内容
《室内空气质量标准》GB /T 18883-2002	以人为计算基础，室内新风量不低于 $30m^3/h \cdot$ 人
《严寒和寒冷地区居住建筑节能设计标准》JGJ 26-2018	冬季采暖计算换气次数应取 0.5 次 /h
《夏热冬冷地区居住建筑节能设计标准》JGJ 134-2010	以房间空间大小为计算基础，换气次数取 1 次 /h
《夏热冬暖地区居住建筑节能设计标准》JGJ 75-2012	以房间空间大小为计算基础，换气次数取 1 次 /h
《公共建筑节能设计标准》GB 50189-2015	办公建筑、宾馆建筑、门诊楼、教学楼人均新风量 $30m^3/h \cdot$ 人
《民用建筑供暖通风与空气调节设计规范》GB 50736-2012	设置新风系统的居住建筑，设计最小新风量根据换气次数确定，如表 4-7；室内新风应先进入起居室、卧室等人员主要活动区
《民用建筑工程室内环境污染控制规范》GB 50325-2020	采用集中中央空调的民用建筑，宜加大室内新风量供应。采用自然通风的民用建筑，宜加强自然通风，必要时采用机械通风
《民用建筑暖通空调设计技术措施》（顾兴荃主编，第二版）	建议住宅卧室和起居室换气次数为 1 次 /h，厨房换气次数为 3 次 /h

5）住宅建筑新风量的选取

住宅建筑所需新风量并不是所有各方面需求的代数叠加，如维持室内压力梯度所需新风量完全可以充分利用稀释污染物所需的新风量。因此应该从健康、节能、兼顾舒适的角度考虑，合理确定新风量。

由表 7-6 可以看出，我国对于建筑的新风量主要是通过人员指标或换气次数指标方式来确定，但不同规范和标准给出的指标不尽相同。因为在住宅中，人口密度较低，降低来源于

---

① 李兴友 . 关于居住建筑新风量的探讨 [J]. 福建建筑，2012，11(173): 90-91.

厨卫等污染所需新风量的比重一般会高于人员代谢对新风量的要求，因此按换气次数指标将更加合理。本义中实验地点在济南，属于寒冷地区，因此本文在新风量计算标准上选用《严寒和寒冷地区居住建筑节能设计标准》JGJ 26-2018，按"换气次数0.5次/h"进行选取。另外，从舒适的角度考虑，新风温度不应影响采暖季室内温度。《严寒和寒冷地区居住建筑节能设计标准》规定冬季采暖室内计算温度应取18℃，即新风温度不应低于18℃。

住宅最小新风量（h⁻¹）[①]   表 7-6

人均居住面积（A）	换气次数
A ≤ 10m²	0.70
10m² < A ≤ 20m²	0.60
20m² < A ≤ 50m²	0.50
Λ > 50m²	0.45

6）住宅建筑新风量计算

根据以上分析，寒冷地区家庭人数 3 ~ 5 人，套内使用面积不大于120m²，楼层净高为2.6m，考虑到使用人数和换气次数，希望达到的新风量在 90 ~ 156m³/h 的范围内，可以满足健康要求。

根据第五章表5-2可知，数值模拟研究的集热面积为 1.47m² 的集热器在太阳辐射量为400W/m²，风速为2m/s时，送风温度可达20℃，太阳辐射量为700W/m²，风速为4m/s时，送风温度可达17℃，该空气温度与冬季采暖室内计算温度接近。通过测算，济南年平均日太阳辐射值在400W/m²以上，晴好天气平均辐射值在700W/m²以上。因此，模拟研究的集热器的平均送风量将不低于72m³/h，晴好天气可达到 144 m³/h（表 7-7）。由此可见，利用集热面积为 1.47m² 的集热器可在不影响室内采暖温度的前提下提供基本满足健康要求的新风量。如果考虑到生活热水的需要，按照热水的需求量计算，集热器面积增加，虽然送风量不能成比例增长，但会有适当提高，将从更大程度上满足新风的需要。

不同太阳辐射下的集热器模型送风量与送风温度   表 7-7

太阳辐射值（W/m²）	风速（m/s）	风量（m³/h）	送风温度（℃）
400	2	72	20
500	2.5	90	20
700	4	144	17
900	5	180	18

---

① 中国建筑科学研究院，等. 民用建筑供暖通风与空气调节设计规范 [S]. 北京：中国建筑工业出版社，2012.

（3）小结

结合住宅所需生活热水与新风量两方面的分析可知，在高层住宅中设计应用双效钒钛黑瓷集热器系统，可以优先考虑通过所需生活热水量确定集热面积。如果户型使用面积不超过120m²，则该集热器提供的预热新风可基本满足规范规定的新风量的要求。当户型的使用面积大大超出120m²时，根据住宅的标准等级，如果经济条件允许，可以增加一台集热器系统，进一步满足热水与新风的需求；如果经济条件不允许，则应适当增大集热器面积，并尽量将其直接与起居室或主要卧室相连，以保证住户主要活动空间所需的新风量。

集热器系统中的风机应该采用变速风机，通过空气温度传感器控制风速。当集热器内空气温度达到设定温度时风机启动，以 2m/s 的风速为低限，随着太阳辐射增强、空气温度升高，风机可阶梯式增速。当集热器内空气温度低于设定温度时风机停止运转。温度可根据需要设定为 18℃ 及以上温度。如果需要提供部分采暖，可适当限定风速，保证较高空气温度。

该研究成果可以在多种类型的居住建筑中推广应用。受所需新风量的影响，住宅户型面积越小，集热器提供的预热新风温度越高，节能与舒适的效果也越明显。

7.2.2 公共建筑

在公共建筑中，日托型幼儿园为白天使用建筑，使用时间与集热器集热时间一致。鉴于幼儿园对于热水与预热新风都有需求，本文以其为研究对象，研究成果也可推广至中小学、工业厂房等建筑类型。

7.2.2.1 设计要点

（1）安装位置

在幼儿园中，可以仿照住宅利用窗下墙安装。但是出于幼儿的日常安全和便于围护管理等多方面的考虑，还是建议于屋顶集中安装。在平屋顶和坡屋顶上选择的集热器朝向如表 7-8 所示。①

集热器朝向的选择　　　　　　　　　　　　　　表 7-8

屋顶类型	建筑或屋面朝向	集热器朝向
平屋顶	建筑正南、南偏东或偏西 ≤ 30°	正南或与建筑同向设置
	建筑南偏东或偏西 > 30°	正南或南偏东、西 < 30°
	屋面上不能朝向南方	南偏东、南偏西或朝东、朝西
	集热器水平放置，不受朝向限制	
坡屋面	屋面南向、南偏东、南偏西	与屋面同向
	屋面朝东、朝西	与屋面同向

---

① 中华人民共和国建设部，中华人民共和国国家技术监督局. 民用建筑太阳能热水系统应用技术规范 [S]. 北京：中国建筑工业出版社，2005.

（2）系统选择

在窗下墙安装时，集热器可采用住宅中使用的分散集热、分散储热的热水系统。利用屋顶安装时，应采用集中集热、集中储热的热水系统（图7-7）。该类型系统可集中布置竖向管道，减少室内横管；太阳能集热部分集成化程度高，集热效率高，有利于降低造价并减少热损失；集热器可以采用建筑设计的手法，结合屋面作为隔热层，或直接设计为通风屋顶，有利于建筑节能。

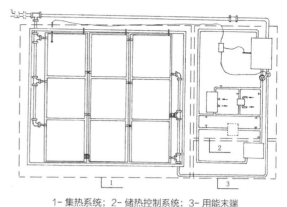

1- 集热系统；2- 储热控制系统；3- 用能末端

图 7-7　集中集热、集中储热的热水系统示意

该类型建筑主要是白天使用，可采用直接换热系统，利用冬季夜晚排空集热器内水的方法防冻。系统简单，没有换热过程，得热效率高，造价低。

另外，为了提高与建筑的集成度，可采用强制循环，将贮水箱放置于设备间，便于维护管理，也可使屋面更加整洁，同时有利于水箱保温。

图 7-8 所示为集中集热—集中储热—强制循环—直接换热热水系统的原理图。

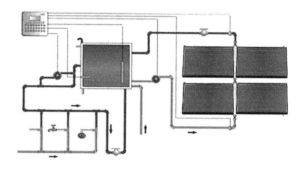

图 7-8　集中集热—集中储热—强制循环—直接换热热水系统原理

当集热器内水温高出储热水箱水温的温差达到设定值时，泵机启动，强制水循环；反之，当温差低于设定值时，泵机停止运行。当储热水箱中的水温低于设定温度40℃，辅助加热启动；当储热水箱中水温达到45℃时，辅助加热自动关闭。

对于预热新风的组织，可将集热器输出的空气汇集到风管中，在风机的作用下输送到使用房间。

7.2.2.2　数据选取

在日托型幼儿园中，使用生活热水的量相对较少，考虑到目前社会对于空气质量的关注，室内新风量的要求较高。因此，在幼儿园的设计中，应按照新风要求对集热器的面积进行计算。

为了方便按照前期已有的数据基础进行设计计算，集热系统以第五章实验中的集热器为单元采用并联的方法进行组合。

根据托幼建筑实际项目的实际需求及我国针对托幼建筑室内空气质量标准的规定值，确定实际所需室内新风量，进而确定太阳能空气集热器面积等关键参数。影响托幼建筑室内新风量需求的因素主要包括：房间大小、幼儿数量、室内污染种类及其浓度以及门窗位置及其大小等。同时，不同地区的室外空气污染程度同样影响新风的洁净程度。以下为计算托幼建筑室内所需新风量的两种方法：

（1）根据换气次数计算室内所需新风量

根据我国《托儿所、幼儿园建筑设计规范》JGJ 39-2016 中所述，活动室在托幼建筑中的最小使用面积为70m²，寝室最小使用面积为60m²，当活动室与寝室合用时，房间最小使用面积为120m²，活动室及寝室最小净高均不小于3m，换气次数均不少于3（次/h）。新风量可根据每个房间所需换气次数计算，公式如下：

$$V = nSh \qquad (7-4)$$

式中，V：室内所需新风量，m³/h；

　　　n：换气次数，次/h；

　　　S：房间面积，m²；

　　　h：房间高度，m。

由以上条件计算可得，托幼建筑活动单元室内每小时所需最小换气量为1080m³，其他房间计算值见表7-9。

托幼建筑根据换气次数计算室内所需新风量　　　　　　　　　表7-9

房间名称	最小使用面积（m²）	最小净高（m）	换气次数（次/h）	新风量（m³/h）
乳儿室	50	3.0	3	450
活动室	70	3.0	3	630
寝室	60	3.0	3	540

（2）根据每人所需最小新风量计算室内所需新风量

我国现行室内空气质量的相关规范中，关于托儿所、幼儿园及中小学室内每人所需最小新风量详见表7-10。根据我国《托儿所、幼儿园建筑设计规范》的规定，托儿所及幼儿园根据不同的班别建议容纳人数不同（表7-11），每人最小新风量为20m³/h，按照式（7-5）计算，表7-11所示新风量部分为计算所得值。

$$V = nv \qquad (7-5)$$

式中，V：室内所需最小新风量，m³/h；

　　　n：室内人数，人；

　　　v：每人所需最小新风量，m³/（h·人）。

我国关于托幼及中小学室内新风量的相关规范　　　　　　　　表7-10

规范名称	最小新风量
《室内空气质量标准》GB/T 18883-2002	室内，最小新风量为30m³/（h·人）
《托儿所、幼儿园建筑设计规范》JGJ 39-2016	活动室，寝室，多功能活动室，最小新风量为20m³/（h·人）；保健观察室，最小新风量为38m³/（h·人）
《中小学校教室换气卫生要求》GB/T 17226-2017	小学生，最小新风量为20m³/（h·人）；中学生，最小新风量为25m³/（h·人）；高中生，最小新风量为32m³/（h·人）

托幼建筑每班根据人数计算室内所需新风量 表 7-11

名称	班别	人数（人）	人均新风量［m³/（h·人）］	总新风量（m³/h）
托儿所	乳儿班	10~15	20	200~300
	小、中班	15~20	20	300~400
	大班	21~25	20	420~500
托幼	小班	20~25	20	400~500
	中班	26~30	20	520~600
	大班	31~35	20	620~700

此外，随着社会对于室内空气质量的关注与重视，我国为保证中小学室内空气品质，在《中小学校教室换气卫生要求》GB/T 17226-2017 中给出了确保人体健康的必要通风量计算公式：

$$Q = M/KK_0 \tag{7-6}$$

式中，Q：必要换气量，m³/（h·人）；

M：二氧化碳呼出量，L/（h·人）；

K：教室内二氧化碳最高允许浓度，%；

K_0：室外二氧化碳浓度，%。

在上述公式中，应当确定三个重要参数，即每人每小时二氧化碳呼出量，教室内二氧化碳最高允许浓度以及项目所在地室外二氧化碳浓度。其中，中小学生每人每小时二氧化碳呼出量在 15~20L 之间，教室内二氧化碳最高允许浓度 ≤ 0.10%[1]，济南地区冬季室外二氧化碳平均浓度为 0.03%[2]。根据公式计算可得，中小学每人所需必要换气量为 21~29m³/（h·人），在表 7-11 所述范围内。

综上所述，在上述计算情况下，使用每人最小新风量计算通常不能符合托幼建筑室内所需新风量的最低要求，在后续计算中，应主要根据室内换气次数进行托幼建筑室内新风量的计算，并以此确定集热器集热面积的大小。

设计时，考虑日常开窗通风，太阳能新风系统按照承担活动单元室内换气次数 1.5 次/h，房间面积按最小值计算，根据式（7-4）计算得每小时所需最小换气量为 585m³；活动单元内儿童人数为 25 人，按规范中规定的幼儿园人均所需最小风量为 20m³/h，根据式（7-5）计算得，活动单元所需最小换气量为 500m³/h。为保证充足的新风量，选取 585m³/h 作为本项目中的单位时间设计新风量。

根据表 7-8，当太阳辐射值为 400W/m² 时，需要面积为 1.47m² 的集热器 8.125 个，集热面积约为 12m²，约占房间面积的 9%。在太阳辐射条件好的情况下，能够提供更大的换气量或部分采暖能耗。

综上所述，进行幼儿园设计时，集热器面积可以按所有活动室、寝室面积之和的 9% 计

---

[1] 中华人民共和国家卫生和计划生育委员会，中国国家标准化管理委员会. 中小学校教室换气卫生要求 [S]. 2017.

[2] 王景华，桑博，孙明虎. 济南市城区大气中 CO_2 浓度变化特征研究 [J]. 中国环境管理干部学院学报，2017(3).

算，如若考虑到卫生间、盥洗室等空间，也可按全部幼儿使用面积的 1/10 计算，可完全满足预热新风的要求，并有可能满足部分采暖需要。因为集热面积足够大，集热系统能够提供足够的生活热水，多余热水也可用于采暖。

假设幼儿园为三层建筑，每个班级单元屋面均为 130m²，其上需布置 13m² 集热器。北方寒冷地区根据纬度测算，集热器与屋面最佳夹角取 45° 左右，可以布置得当。将该 13m² 集热器作为送风系统的一个单元，预热新风供应与之距离最近的上下三层相对应的活动室或卧室，设立垂直竖向公共风道，最大限度缩短风道长度，减少热损，降低造价。

如果项目不适合在屋面安装集热器，也可采用以上数据于立面安装，使用分户集热—分户储热—强制循环—直接换热系统。

7.3　建筑集成细部构造设计

通过前期的调研，笔者发现钒钛黑瓷太阳能集热板与农宅建筑的结合仍存在一些问题。一是在现有的屋顶集热项目中，为节省成本，透明盖板常采用大尺寸的钢化玻璃。如需维修某一块集热板，必须打开用硅酮玻璃胶密封的大块玻璃盖板。又因为封盖玻璃尺寸与集热板尺寸并不对应，且玻璃板如瓦片般层层搭接覆盖，常常出现维修一块集热板需要打开多块玻璃板的情况。二是在管道连接现场施工烦琐，效率低下且质量不够可靠。三是有些项目的保温层材料及厚度选择不合理，导致在集热过程中产生保温层破坏或降低建筑热性能。为解决上述问题，本章将阐述钒钛黑瓷太阳能集热板与建筑相结合的构造方法，并分析不同构造形式对建筑热工性能及投资成本的影响。

7.3.1　屋面集成细部构造设计

钒钛黑瓷太阳能集热板与建筑屋面的构成包括整体式与模块式两种方式。

7.3.1.1　整体式屋面构造设计

传统坡屋面自下而上由结构层、防水层、保温层、保温层的保护层（钢筋网细石混凝土持钉层或各种板材）、顺水条、挂瓦条、上防水层（瓦材等）等组成。[1] 由于钒钛黑瓷太阳能集热板的成本低廉，特别适合于农宅使用。为进一步降低成本，可以使用简易的整体式安装方法。

整体式屋面是由结构层、防水层、保温层、保护层、钒钛黑瓷太阳能集热板、透明盖板、支承件、管道等组成的（图 7-9a）。屋顶可具有安装边框、上下平台（可以兼做排水檐沟）、楼梯通道及四周栏杆[2]（图 7-9b）。其中，新建混凝土结构建筑的边框宜与屋面板同时施工建造。这种整体式的钒钛黑瓷集热系统可以与传统坡屋面共用结构层、保温层、保护层、上下防水层等。屋顶利用钒钛黑瓷集热板的规模通常较大，常采用矩形阵列形式进行流

---

① 许建华，王启春，修大鹏，等. 使建筑增值的陶瓷太阳能房顶 [J]. 江苏建材，2014（02）：23-25.

② 山东天虹弧板有限公司. 陶瓷太阳板锚桩结构坡屋面热水系统安装参考 [R]. 2015-04-11：2-3.

（a）安装实景　　　　　　　　　（b）鸟瞰模型

图 7-9　整体式屋面安装实景与鸟瞰模型

通连接。一般而言，同列的集热板为串联，各列间的集热板再进行并联。为防止冬天冻裂，每片钒钛黑瓷集热板的下循环口必须确保处于全板的最低点，上下汇集管、循环管必须向回水方向向下倾斜，确保回水时陶瓷太阳板和管道中的水全部回到水箱。

整体式屋面的构造形式可分为锚桩式、预埋桩式及型材式三种。其中，锚桩式与预埋桩式适合于新建建筑，其区别在于集热板及透明盖板的支承件固定方式不同；型材式除可在新建建筑屋顶应用之外，亦可用于既有建筑改造方案。

（1）锚桩式安装构造

钒钛黑瓷太阳能集热板的整体锚桩式自下而上的基本安装构造层次包括屋面板、防水层、保温层、保护层、集热板及透明板，屋面四周设有边框。图 3-9（b）及图 7-10 为整体锚

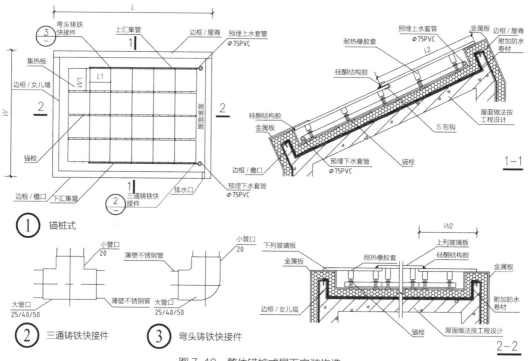

图 7-10　整体锚桩式屋面安装构造

桩式屋面的安装构造示意，图中各构件的尺寸按实际工程确定。

防水层对钒钛黑瓷集热整体屋面起到辅助防水作用，应采用厚度为 2~4mm 的防水卷材满粘铺贴在边框内的屋面板上和边框内侧。屋面板与下边框内侧结合处应附加防水垫层。

作为安装锚桩件的刚性垫板，保温层的保护层宜采用厚度为 0.5~0.8mm 的镀锌钢板、亚光黑色彩钢板、无光黑色彩钢板或厚度为 12~15mm 的玻镁板。上部翻边与上部的结构边框固定，左右边框做翻边，单板宽度宜为 1000mm 或 1200mm，长度与屋面斜长相等。下边框处留伸缩排水缝，相邻单板之间铆接，以密封胶密封。

保温层应由导热系数不高于 0.04W/m℃的单层或多层硬质保温材料组成，其上层保温层应采用能够长期承受 130℃以上温度且导热系数小的硬质保温材料。可采用厚度为 80~100mm 的酚醛泡沫板，或厚度为 80~100mm 的模压聚氨酯泡沫板，或上层是 20~40mm 的模压聚氨酯泡沫板、下层是 40~80mm 的聚苯乙烯泡沫板的双层结构。边框保温层宜采用厚度为 20~40mm 的聚氨酯泡沫板或酚醛泡沫板，其高度应不高于边框高度。

相互搭接、密封的透明盖板是锚桩式钒钛黑瓷太阳能集热屋面的上防水层，一般可采用超白钢化玻璃，对钒钛黑瓷太阳能坡屋面起到透光、保护、保温、隔热、防水作用。上下列钢化玻璃板之间利用不锈钢 S 形钩阻止钢化玻璃板下滑；在上边框和两侧边框上安装不锈钢板，用于固定钢化玻璃板。钢化玻璃板之间及钢化玻璃板与边框之间的缝隙以硅酮结构胶密封。玻璃盖板宜采用超白布纹钢化玻璃板，在保证透光性能的基础上，减少光污染。

对于原建筑物坡屋面的钢筋混凝土屋面板，可在原钢筋混凝土屋面板四周打孔植入钢筋，建造高度宜为 150~170mm 的钢筋混凝土边框；对于其他材料的屋面板，可使用彩钢板制造边框，固定在屋面板上。

锚桩件为带耐热橡胶套的锚栓，紧固在保护层上。即便钢化玻璃板或钒钛黑瓷集热板发生意外破碎，水流会顺着保护层表面经下伸缩排水缝、下边框的排水口排出，保护层不积水。锚桩螺栓的数量及玻璃盖板的种类应根据建筑物高度、风力、环境、建筑物用途、重要性等因素确定。3 层以上建筑以及大风和抗震设防烈度为 7 度以上地区的建筑，应采用将上列钢化玻璃板与保护层连接的锚桩件，重要建筑可采用将上、下列钢化玻璃板与保护层连接的锚桩件，必要时可采用将钢化玻璃板与屋面结构层连接的锚桩件。钢化玻璃板与锚桩件结合部位应加垫不锈钢垫圈和硅橡胶垫圈。

（2）预埋桩式安装构造

整体预埋桩式安装构造与锚桩式大致相同，主要区别为将固定件锚栓替换为预埋在屋面结构层内的支承件，如图 7-11 及图 7-12 所示。

（3）型材式安装构造

型材式安装方式既可应用于新建建筑，亦可应用于既有建筑的改造。将金属型材条固定于屋顶结构层，用于支承钒钛黑瓷太阳能集热器，防止其下滑。

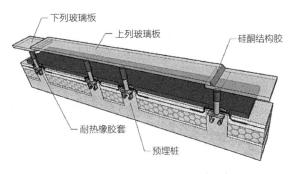

图 7-11　整体预埋桩式安装构造示意

型材截面为台阶状，上部可支承玻璃盖板，如图 3-2 及图 7-13 所示。在结构承载力等要求允许的情况下，还可以采用预制混凝土型材。该结构的施工需注意对保温层及防水层的保护，采用低导热性的锚栓，并采用防水砂浆等密封孔隙。

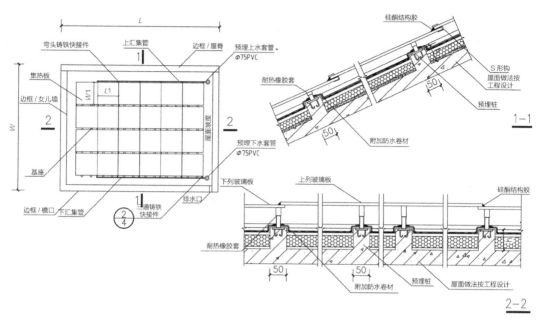

图 7-12　整体预埋桩式安装构造

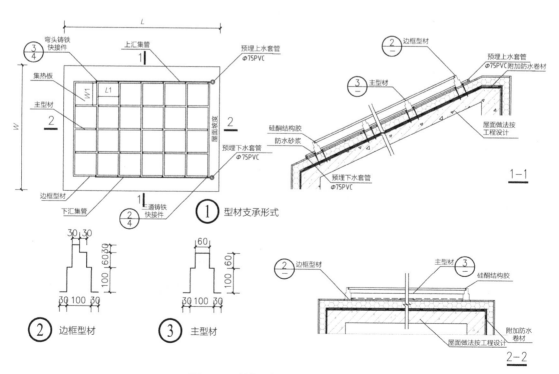

图 7-13　整体型材式屋面安装构造

7.3.1.2　模块式屋面构造设计

虽然整体式的安装方法成本较低，但其建筑部品化水平不高，现场施工烦琐，施工水平参差不齐。如能将钒钛黑瓷太阳能集热板作为集热器板芯，并将其设计为建筑的一种装配式构件——集热模块，也许可以有效解决以上问题。本节将从集热模块与建筑一体化构成的原则与原理入手，探讨其单体设计及其在建筑中安装的构造方法。集热模块系统的设计原则包括：①以一块或多块成品钒钛黑瓷太阳能集热板为吸热芯体，配以框架、透光罩、保温隔热层等，形成利于运输与施工的建筑装配式模块；②集热模块与建筑一体化设计与施工，可部分或全部替代建筑屋顶的保温、防水功能；③集热系统与建筑外观及性能耦合良好。

集热模块的规格与构件质量及尺寸有关。考虑到钒钛黑瓷集热板在空板状态下的质量为 $20 kg/m^2$，常用尺寸约为 600mm × 600mm、700mm × 700mm 及 800mm × 800mm，则单块集热板的质量约为 7.2 ~ 12.8kg。为保障施工方便，兼顾充分利用框架型材，参考《建筑一体化阳台栏板陶瓷太阳能热水系统》11BJZ84，常规集热模块包括 2 ~ 5 块集热板，其长度为 1400 ~ 3010mm，宽度为 750 ~ 950mm，其厚度因所需保温层厚度不同可以有所变化，常规尺寸为 140mm，如图 7-14 及表 7-12 所示。

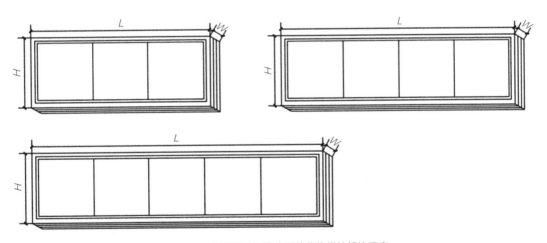

图 7-14　常用钒钛黑瓷太阳能集热模块规格示意

常用钒钛黑瓷太阳能集热模块规格（mm）　　　　　　　　　　　表 7-12

集热板边长	2 块板	3 块板	4 块板	5 块板
600	1400 × 750 × 140	2000 × 750 × 140	2600 × 750 × 140	3200 × 750 × 140
700	1600 × 850 × 140	2300 × 850 × 140	3000 × 850 × 140	3700 × 850 × 140
800	1800 × 950 × 140	2600 × 950 × 140	3400 × 950 × 140	—

单个屋顶构件化的钒钛黑瓷太阳能集热模块由集热板、支撑框架、透明盖板、保温材料、背板及相关配件组成（图 7-15）。其中，模块内集热板的数量依据设计确定；标准支撑框架采用铝型材，亦可选用不锈钢、混凝土等材料制作；边框为断桥结构，减少热桥；透明

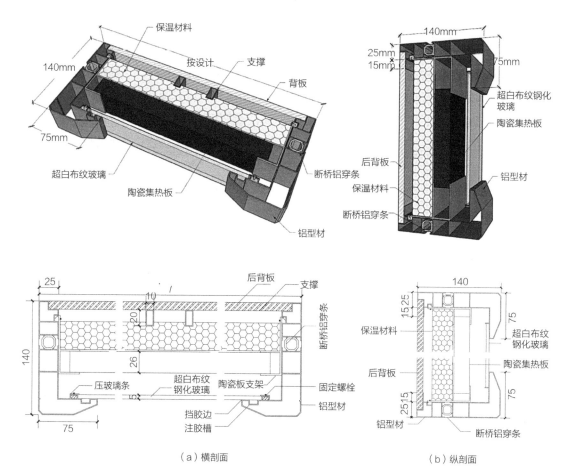

（a）横剖面 （b）纵剖面

图 7-15　集热模块剖面

盖板宜选用超白布纹钢化玻璃，透光性好，且可弱化光污染；模块内衬的保温材料厚度依据建筑节能要求选用，可以替代屋面保温层。

为了满足建筑屋顶设计的多样化需求，钒钛黑瓷集热模块可以通过拼装形成瓦屋面形式。瓦型集热模块的原理及集热板体与上图相同，仅对透光盖板及支撑框架进行相应的变体设计。传统的瓦屋面一般用木望板、苇箔等做基层，上铺灰泥，灰泥上再铺瓦片，其形式一般包括用于少雨地区的单层瓦[1][2]及用于多雨地区的阴阳瓦[3][4]、筒板瓦[5]等；现代工业厂房等建筑常采用楞型压型钢板屋面，由支架、屋面板及保温材料等构成。表 7-13 展示了与瓦屋面相对应的瓦型集热模块屋面的示意图。

① Anja Loose, Harald Druck. Field test of an advanced solar thermal and heat pump system with solar roof tile collectors and geothermal heat source [C]. Energy Procedia, 2014, 48: 904-913.

② 李恒龙，邹迎曦，周国平. 波形太阳能集热瓦的设计与研制 [J]. 农村能源，1992（2）：26-27.

③ 罗炳庆，何伟. 瓦型集热器综述 [J]. 安徽建筑工业学院学报（自然科学版），2013，21（5）：122-124.

④ 罗炳庆，何伟. 新型太阳能集热技术对黄山徽派建筑太阳能采暖贡献率分析 [J]. 安徽建筑工业学院学报（自然科学版），2013，21（5）：110-111.

⑤ 陈国本. 新型太阳能瓦 [J]. 建材工业信息，1984（11）：13.

瓦型集热模块示意   表 7-13

类型	瓦屋面	瓦型集热模块屋面
单层瓦型		
阴阳瓦型		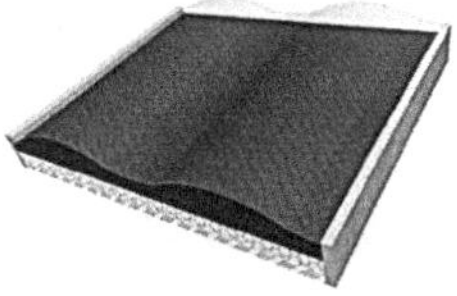
筒板瓦型		
钢板瓦型		

即使仅包括一块钒钛黑瓷集热板的模块的尺寸亦远大于传统瓦片的尺寸，单个模块的透光盖板需要包若干波峰与波谷。为了保证透光盖板的性能，可根据实际需要选择玻璃或玻璃钢等材料制作。通过对上下、左右搭接处边框的设计，瓦型集热模块也可以起到一定的建筑防水作用。然而，由于异形透光盖板的存在，瓦型集热模块的造价及运输、安装要求等势必高于标准平板模块，不适于在农村地区大量推广使用，故研究不再进行深入探讨。

本小节主要介绍钒钛黑瓷太阳能集热模块及其管路系统在瓦屋面、压型钢板屋面上的安装。主要内容包括各种构造形式的安装前准备、集热模块的安装、排水板的安装及典型构造详图，不包括贮热水箱及控制系统的安装等。考虑到我国农宅建设的实际情况，相关内容以瓦屋面为主。

（1）钢筋混凝土屋面安装构造

钒钛黑瓷太阳能集热模块的瓦屋面安装形式主要可以分为嵌入式及架空式两种。其中，嵌入式安装的集热模块上皮与瓦屋面上皮基本平齐，即集热模块替代了一部分瓦片；架空式安装的集热模块位于瓦屋面上部，即模块下方仍有瓦片。

1）嵌入式构造

由于集热模块本身有一定的高度，为了不影响建筑结构，嵌入式的安装方式宜用于坡屋面铺设波形瓦、厚块瓦等情况。对于铺设油毡瓦、玻纤瓦等情况，要达到嵌入式的外观效果，需要将集热模块安装的局部屋面下沉，会给建筑结构带来一定影响。为了替代屋面瓦的外形与功能，嵌入式安装方式的排水、防水功能显得尤为突出。通过采用金属排水板与瓦面进行合理搭接，使得金属板与底部瓦面无缝贴合，可以达到排水与防水的效果。[①]

对于新建建筑，需对集热模块自重及支架、工质等重力荷载以及安装排水板后的风荷载、雪荷载进行计算，并将计算结果与坡屋面的荷载进行比较。[②] 如不能满足要求，应将集热模块固定支座设置在承重梁上，并对承重梁的荷载重新核算。如确定采用嵌入式安装，应在建筑设计与结构设计时充分考虑其固定方式、管道做法、排水和防水做法等，不应对建筑结构造成负面影响。对于既有建筑，安装前需确认屋面结构是否能满足集热模块的安装要求。由于集热模块的嵌入式安装需要将瓦面揭开，不应在雨雪和大风天气安装，并应采取相应方式避免损坏屋面防水造成渗漏。如在坡屋面进行安装，需注意安全防护；有条件时应在屋面设置安全辅助设施，如安全绳锚固装置。

集热模块的嵌入式安装主要有通过混凝土基座安装、通过预埋件安装及通过预制木条安装 3 种方式。其中，通过混凝土基座安装是在屋面土建施工时，在屋面结构层上预设混凝土基座，基座内的预埋件与结构层紧固连接，同时在基座表面预先安装预埋铁。[③] 预埋铁上可焊接用来固定集热模块的槽钢或方管等。通过预埋件安装是在土建施工时严格按照设计图纸设置预埋件，并将集热模块支架通过焊接或螺栓连接固定在预埋件上。由于集热模块嵌入式安装时支架承受的风荷载较小，也可以通过膨胀螺栓等将集热模块固定在屋面预制木条上。采用这种方法固定时，应注意预先对集热模块及其附属材料的重量荷载进行校核，选取合适的木条。木条固定在屋面上时，应作防腐处理，并在集热模块安装时注意保护和修补防腐层。此外，通过预制木条固定的方法也适用于既有建筑的嵌入式安装。

集热模块的排水板常采用铝板或镀锌钢板等材料制作。其中，由于铝材防腐蚀性强、重量轻、可塑性好、易安装，并且可以根据用户的要求处理成不同的颜色及形状以配合集热模块与建筑，故建议采用。排水板一般分为整体式排水板和周边式排水板两种。由于钒钛黑瓷太阳能集热模块是一种平板式的集热模块，其自身外壳可做到防水，在安装时仅需处理模块外框四周与建筑交接处的防水即可，故一般采用周边式排水板（图 7-16）。

周边式排水板应自下而上进行安装，将其与集热模块外框进行连接后，用胶条、耐候玻璃胶等将二者连为一体。根据经验，系统管路一般从排水板下穿过，所以在安装时应注意不对管路造成损坏，并在安装完毕前

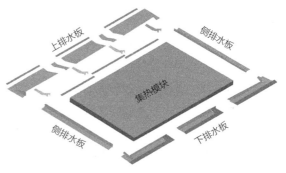

图 7-16　周边式排水板示意

① 李慧敏，孙培军，俞彤霖. 太阳能与建筑结合的发展及新技术应用 [J]. 建设科技，2008（10）：59-64.
② 郑瑞澄，路宾，李忠，等. 工程建设国家标准《太阳能供热采暖工程技术规范》编制要点 [C]. 全国暖通空调制冷学术年会，2008：2.
③ 景军. 太阳能集热器与建筑结构屋面结合方式研究 [J]. 建筑施工，2015（26）：210.

进行管路系统的水压试验。排水板安装完成后，应进行试水试验，需检验屋面是否合格无渗漏。

嵌入式安装方法可应用于有保温及局部无保温的瓦屋面上。对于有保温屋面，嵌入的钒钛黑瓷集热模块内置的保温层可增强屋面的保温效果，建筑屋面的保温层厚度可以有所减小。局部无保温屋面是指需要安装集热模块的位置不设置屋面保温，仅通过集热模块内置保温层达到热工需求。下文将以通过混凝土基座固定的方式为例，分别展示有保温及无保温瓦屋面嵌入式安装的典型构造。

图 7-17 及图 7-18 所示为集热模块在有保温瓦屋面上的嵌入式安装构造。集热模块通过镀锌角钢安装托架固定于预埋在暗藏混凝土基座中的预埋钢板上。镀锌角钢的尺寸可为 40mm × 40mm × 4mm；暗藏基座的尺寸为 200mm × 200mm × h，其中 h 由个体工程做法确定，其上皮与保温层上皮同高；预埋钢板的尺寸一般为 120mm × 120mm × 8mm，以 2ϕ8

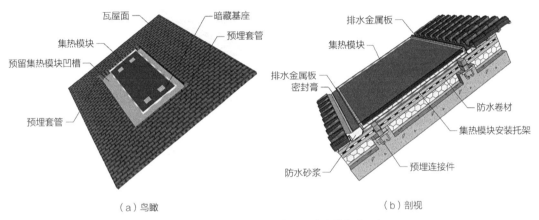

（a）鸟瞰　　　　　　　　　　　　　　　　（b）剖视

图 7-17　瓦屋面（有保温）嵌入式安装构造示意

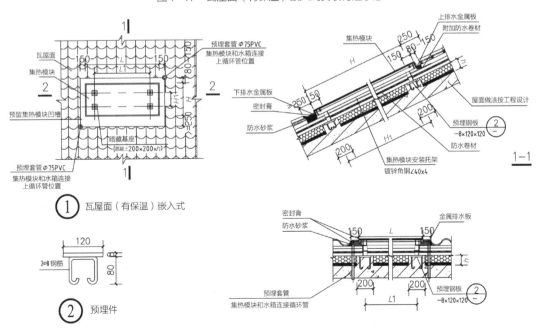

图 7-18　瓦屋面（有保温）嵌入式安装构造

钢筋锚固于基座中，钢板中线与集热模块边缘的距离为150mm。集热模块四周与瓦片之间需预留凹槽，其上缘凹槽宽度为80～150mm，下缘为不小于250mm，左右各为150mm。凹槽对角预埋直径为75mm的PVC套管，供集热模块和水箱进行管道连接。集热模块的四周需做好附加防水处理。其中，上缘凹槽处首先铺设附加防水卷材，再在卷材弯曲处设置防水砂浆，最后在外层安装金属排水板，金属板的上缘压在瓦下，下缘固定于集热模块框架之上；下缘凹槽处首先铺设附加防水卷材，再在卷材弯曲处设置防水砂浆，防水砂浆需覆盖下侧瓦片上缘，然后在砂浆上部安装金属排水板，金属板的上缘固定于集热模块框架之上，其缝隙以密封膏封严；两侧的凹槽处首先安装金属排水板，排水板一侧覆盖集热模块框架上缘，另一侧固定于瓦片之下，再在排水板与瓦片之间的空隙中设置防水砂浆，并将缝隙以密封膏封严。

图7-19及图7-20所示为集热模块在局部无保温的瓦屋面上的嵌入式安装构造。集热模

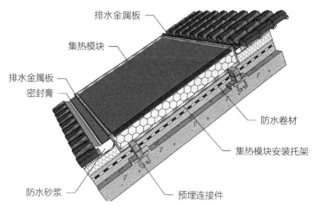

图 7-19　瓦屋面（局部无保温）嵌入式安装构造示意

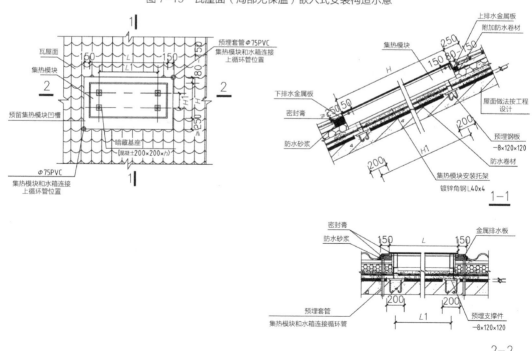

图 7-20　瓦屋面（局部无保温）嵌入式安装构造

块通过镀锌角钢安装托架固定于预埋在暗藏混凝土基座中的预埋钢板上。镀锌角钢的尺寸可为 40mm × 40mm × 4mm；暗藏基座的尺寸为 200mm × 200mm × h，其中 h 由个体工程做法确定，略凸出结构层即可，未凸出部分以砂浆填实；预埋钢板的尺寸一般为 120mm × 120mm × 8mm，以 2ϕ8 钢筋锚固于基座中，钢板中线与集热模块边缘的距离为 150mm。未安装集热模块的屋面部分采用倒置式保温做法，将保温层铺设于防水层之上，瓦片之下。集热模块周边凹槽及其防水做法等与有保温的嵌入式安装构造相同。

2）架空式构造

虽然架空式安装的建筑一体化效果不及嵌入式安装，但由于其对建筑、结构等专业的设计难度要求较低，且其远景建筑效果与嵌入式安装基本一致，故仍有很大的应用空间。

由于集热模块架空放置在屋面上，集热模块底部与屋面有一定距离，相比嵌入式安装，除考虑集热模块及其附件的重量荷载外，还应重点考虑风荷载和雪荷载。因此，在集热模块固定前，需要校核屋面结构荷载能力。如不能满足要求，应将固定基座设置在承重梁上。因为架空式安装时的管路会裸露在瓦面上，因此新建建筑在建筑与结构设计时应考虑管路的有机布置，可在集热模块下方或者背部预设管道。

集热模块的架空式安装主要有通过混凝土基座安装及通过锚固支架安装两种方式。对于通过混凝土基座安装的方式，需要在土建施工时预先浇筑混凝土基座，基座中的钢筋与屋面结构层钢筋进行焊接连接，且基座要高出防水层和瓦面，并在铺瓦时做好基座四周的防水工作。集热模块也可以通过特殊的钢质锚固支架实现在坡屋面的架空式安装，此种做法多用于波形瓦或厚块瓦。安装时需将安装位置的瓦揭下，根据固定支架的预留孔在屋面钻孔，并以膨胀螺栓将支架固定于屋面，然后以防水密封材料将孔隙填实，将瓦重新铺好，再将集热模块固定在锚固支架上。

架空式安装的标准构造亦分为屋面有保温与无保温两种，并根据架空高度的不同有着高架空和低架空两种不同的构造做法。下文将以通过混凝土基座固定的方式为例，分别展示有保温及无保温瓦屋面架空式安装的典型构造。

有保温瓦屋面的高架空做法是指将集热模块安装于凸出屋面结构层 310mm 以上的支座中的构造方式（图 7-21、图 7-22）。安装基座为现浇钢筋混凝土，尺寸可为 200mm × 200mm × h，其中 h 由个体工程做法确定，但需保证不少于 250mm 的防水层泛水高度与

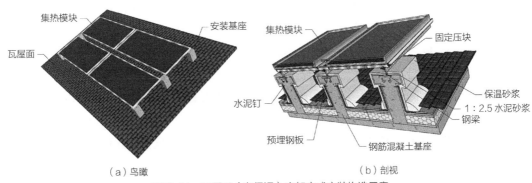

（a）鸟瞰　　　　　　　　　　　　（b）剖视

图 7-21　瓦屋面（有保温）高架空式安装构造示意

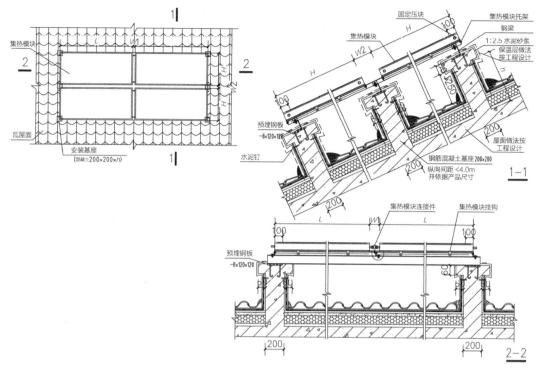

图 7-22　瓦屋面（有保温）高架空式安装构造

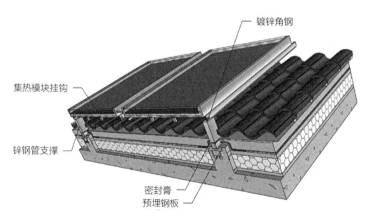

图 7-23　瓦屋面（有保温）低架空式安装构造示意

60mm 的混凝土压顶厚度。集热模块以螺栓安装于托架上，托架以型钢固定于预埋在基座中的钢板上。集热模块边缘至型钢翼缘中心的距离为 100mm；预埋钢板尺寸一般为 120mm × 120mm × 8mm，以 $2\phi 8$ 钢筋锚固于混凝土基座中。屋面的保温主要由铺设于瓦及防水层下的保温板材承担；对于凸出屋面的基座部分，根据工程做法可选用保温砂浆等材料。

　　有保温瓦屋面的低架空做法是指将集热模块安装于凸出屋面结构层 310mm 以下的暗藏支座中的构造方式（图 7-23、图 7-24）。安装基座为现浇钢筋混凝土，尺寸可为 200mm × 200mm × h，其中 h 由个体工程做法确定，但需略大于保温层厚度。集热模块一般以 M8 × 20 螺栓固定或焊接于 40mm × 40mm × 3mm 镀锌角钢上，角钢固定于镀锌钢管或 $\phi 16$ 圆钢支架上，支架再通过 120mm × 120mm × 8mm 预埋钢板以 $2\phi 8$ 钢筋锚固于混凝土基座中。

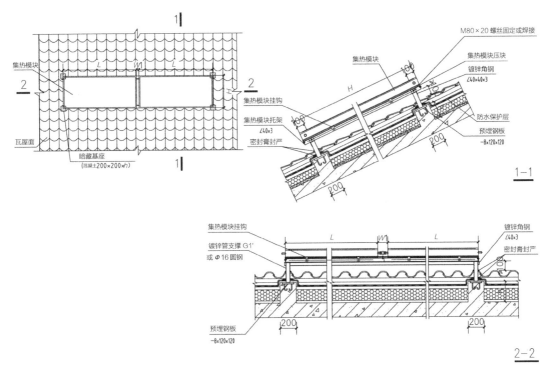

图 7-24 瓦屋面（有保温）低架空式安装构造

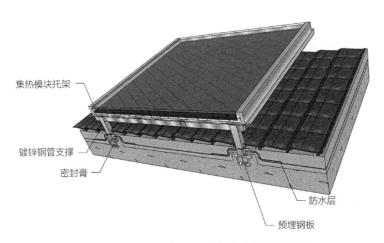

图 7-25 瓦屋面（无保温）架空式安装构造示意

集热模块边缘至型钢翼缘中心的距离为 100mm；自屋面瓦上缘至镀锌角钢上缘的距离应不小于 100mm。该种屋面的防水由防水卷材层承担；安装镀锌角钢的部分以密封膏封严。屋面的保温主要由铺设于瓦及防水层下的保温板材承担；对于凸出屋面的基座部分，根据工程做法可选用保温砂浆等材料。

无保温瓦屋面的架空做法是指将集热模块安装于略凸出屋面结构层的暗藏支座中的构造方式（图 7-25、图 7-26）。安装基座为现浇钢筋混凝土，尺寸可为 200mm × 200mm × h，其中 h 由个体工程做法确定。集热模块一般固定于 40mm × 40mm × 3mm 镀锌角钢托架上，

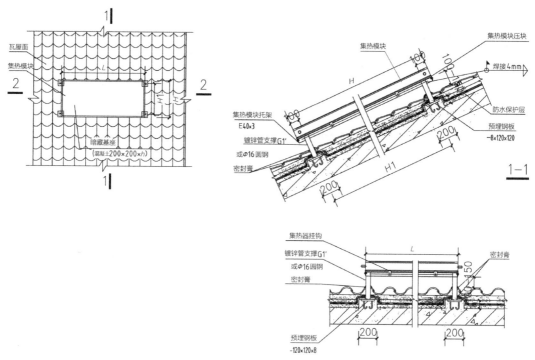

图 7-26　瓦屋面（无保温）架空式安装构造

托架焊接于镀锌钢管或 φ16 圆钢支架上，支架再通过 120mm × 120mm × 8mm 预埋钢板以 2φ8 的钢筋锚固于混凝土基座中。集热模块边缘至型钢翼缘中心的距离为 100mm；自屋面瓦上缘至镀锌角钢上缘的距离应为 100 ~ 150mm。该种屋面的防水由防水卷材层承担；安装镀锌角钢的部分以密封膏封严。

　　3）管道穿屋面构造

　　钒钛黑瓷太阳能集热模块安装在屋面上时，系统管道的穿屋面节点是系统与建筑结合的重要接口，此时应重点考虑防水[①]与保温。图 7-27（a）是集热模块在坡屋面嵌入式安装时的管道穿屋面构造图。这种情况下，为了不影响建筑外观以及排水的畅通，集热模块离建筑构造面不宜太远，因此穿屋面管道伸出的高度不应高出集热模块下底面，且不应影响屋面排水。图 7-27（b）所示为集热模块在坡屋面的架空安装，需穿透屋顶瓦面。当穿屋面管道需要穿透屋面瓦时，钻孔不能破坏整块瓦的结构，不能使瓦面产生崩口、裂纹等缺陷。

　　（2）压型钢板屋面安装构造

　　钒钛黑瓷太阳能集热模块的压型钢板屋面安装形式主要可以分为嵌入式及架空式两种。其中，嵌入式安装即利用集热模块替代了一部分钢板屋面；架空式安装的集热模块位于钢板屋面上部，即以连接件固定于屋面。此两种屋面构造均分为无保温及有保温两种形式。

　　1）嵌入式构造

　　对于有无保温的嵌入式压型钢板屋面，除采用的屋面板不同之外，其安装构造基本相同（图 7-28），即将具有防水功能的集热模块通过钢檩条直接安装于屋架上弦。无集热模块的屋面

① 黎哲宏，黄俊鹏. 太阳能建筑一体化工程安装指南 [M]. 北京：中国建筑工业出版社，2015：76.

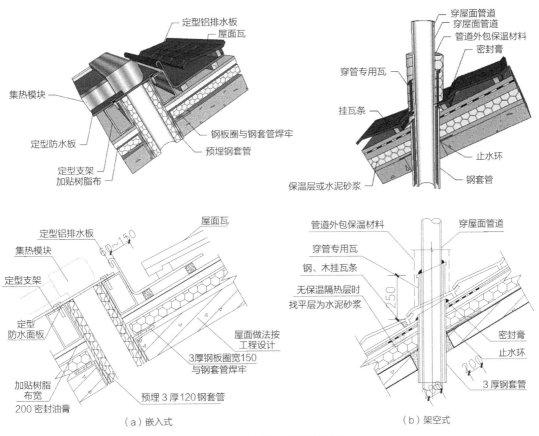

（a）嵌入式　　　　　　　　　　　　　　　（b）架空式

图 7-27　管道穿瓦屋面安装构造

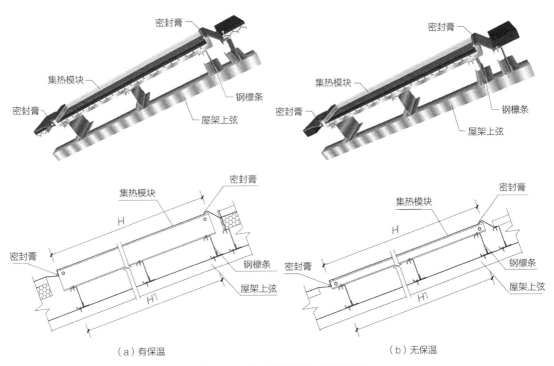

（a）有保温　　　　　　　　　　　　　　　（b）无保温

图 7-28　压型钢板屋面嵌入式安装构造

部分仍采用压型钢板作为面层，二者之间的空隙以金属排水板覆盖，其缝隙以密封膏封好。

2）架空式构造

对于有无保温的架空式压型钢板屋面，除采用的屋面板不同之外，其安装构造基本相同（图7-29）。集热模块上的尺寸为40mm×40mm的固定耳以M6加长自攻螺钉与托架、方通、压型板及钢檩条相连接，螺钉下垫硅胶密封圈，压型板内设木垫块。钢檩条固定于屋架上弦。集热模块端部至自攻螺钉中心线的距离可为100mm。

3）管道穿屋面构造

与穿瓦屋面类似，管道穿压型钢板屋面仍需重点考虑防水与保温，如图7-30。在防水方面，主要采用24号镀锌薄钢板作为泛水，在管道上下两侧敷设。其中，上侧泛水通过垫硅胶密封圈的自攻螺钉固定于屋面板面层与钢檩条之间，下侧泛水固定于屋面板面层之上，两

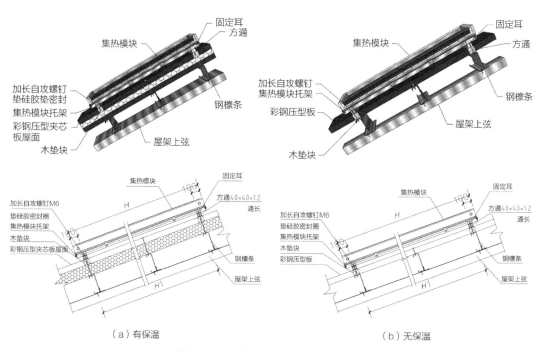

（a）有保温　　　　　　　　　　　　　　（b）无保温

图7-29　压型钢板屋面架空式安装构造

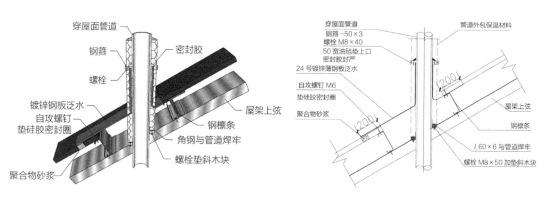

图7-30　管道穿压型钢板屋面安装构造

侧搭接长度均可为 200mm。泛水上部以钢箍及螺栓固定于穿屋面管道表面，并以密封胶封严，且翻起高度不小于 250mm。在保温方面，管道外应包覆保温材料，保温材料下部应延伸至屋架上弦。

（3）EPS 模块屋面安装构造

钒钛黑瓷太阳能集热模块亦可以与近年来新兴的 EPS 复合屋面空心模块体系相结合，形成太阳能系统与建筑一体化的效果，如图 7-31 及图 7-32 所示。EPS 屋面板模块空心内穿方钢管，并以钢筋挂钩固定于钢檩条之上。EPS 模块上部设防水层及饰面层，饰面层也可为屋面瓦。由于集热模块的玻璃盖板本身具有防水层及饰面层功能，可将部分屋面的防水层取消，嵌入集热模块，使集热模块上表面与饰面层相平齐。在集热模块四周，设金属盖板，并

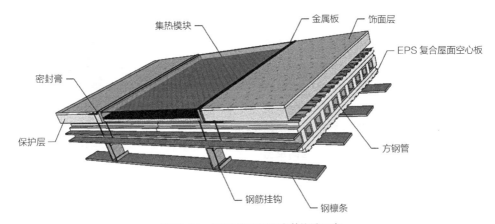

图 7-31　EPS 模块屋面安装构造示意

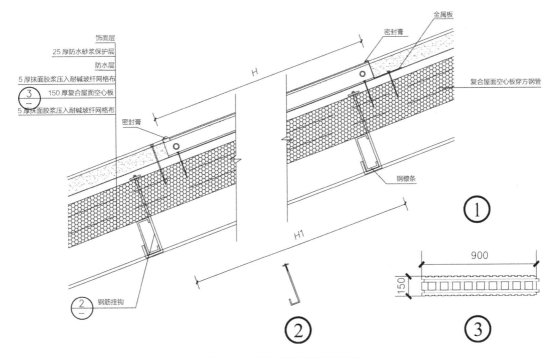

图 7-32　EPS 模块屋面安装构造

将缝隙密封。另外，集热模块也可以与 EPS 模块屋面结合形成架空式构造，其细部做法与混凝上屋面类似，在此不再赘述。

7.3.2 墙面集成细部构造设计

与屋面安装类似，钒钛黑瓷太阳能集热板的墙面安装也包括整体式构造与模块式构造。

7.3.2.1 整体式墙面构造

钒钛黑瓷太阳能集热板应用于墙面的整体式构造的主要形式为嵌入式（图 7-33、图 7-34）。集热器可利用窗下等面积较大的立面墙体安装，其构造层次由内至外依次为内墙面层、结构层、保温层、集热层、透明盖板层等。其中，透明盖板一般为超白布纹钢化玻璃，由锁边扣条固定于埋在结构层中的铝合金边框中，透明盖板外表面至保温材料内表面的距离宜为 80～100mm[①]。墙体及窗等设计按照个体工程确定。

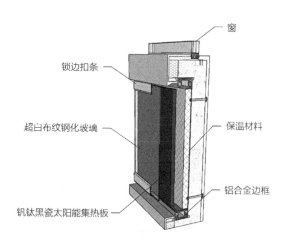

图 7-33 整体嵌入式墙面安装构造示意

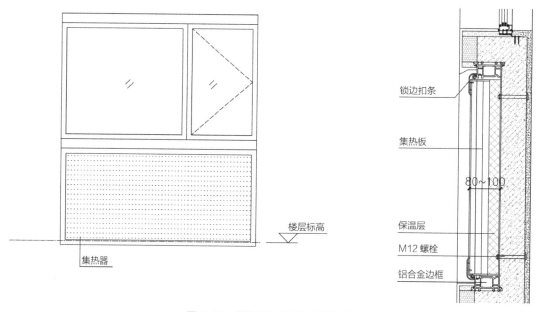

图 7-34 整体嵌入式墙面安装构造

---

① 山东同圆设计集团有限公司. 高层建筑太阳能热水系统建筑一体化设计 [S]. 山东省建筑标准服务中心，2017: 27.

7.3.2.2 模块式墙面构造

墙面所采用的集热模块基本构造与屋面集热模块相同。不考虑传统托挂式等太阳能建筑一体化程度较弱的安装形式，钒钛黑瓷太阳能集热模块应用于墙面的模块式构造的主要形式为壁挂式、嵌入式、贴面式及栏板式等。其中，模块壁挂式的构造与传统金属平板集热器类似；模块嵌入式的安装构造与整体嵌入式相类似，只需将铝合金边框内的集热构件在工厂预制，并在现场进行装配即可。所以，本小节仅重点介绍模块贴面式及栏板式的安装构造。

（1）贴面式安装构造

钒钛黑瓷太阳能集热模块的贴面式安装方法可应用于多种建筑结构体系，此处仅针对EPS模块现浇混凝土剪力墙保温结构体系加以介绍（图7-35）。该体系由EPS实体空腔模块拼接而成，模块空隙内浇筑混凝土，形成剪力墙。EPS模块既是建筑的保温隔热层，又是免拆的混凝土模板。太阳能集热模块竖直固定在集热器支架上，集热器支架则通过预埋在模块空腔内的钢板与建筑主体结构相连。

常用建筑结构体系的模块贴面式安装构造如图7-36所示。

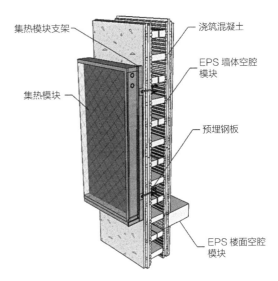

图 7-35 模块贴面式 EPS 墙面安装构造示意

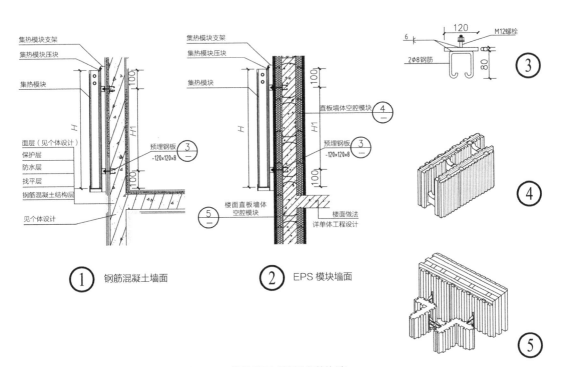

图 7-36 模块贴面式墙面安装构造

（2）栏板式安装构造

模块栏板式墙面构造是利用钒钛黑瓷太阳能集热模块替代部分墙面的安装方法，一般替代的部位为阳台栏板或窗槛墙（图7-37、图7-38）。为满足窗户设计要求，集热模块上沿距楼层标高的距离可为1100mm，可根据集热模块高度设置地面起台。集热模块通过连接件固定于混凝土起台之上；集热模块上部如有窗，则利用连接件将窗框与集热模块边框相连。需特别注意的是，此处的集热模块需满足相关标准、规范对墙体的防水、防火、节能及防护要求。其中，防水要求靠玻璃盖板实现，防火、节能要求靠背板实现，防护要求靠背板与建筑其他构件的可靠连接实现。

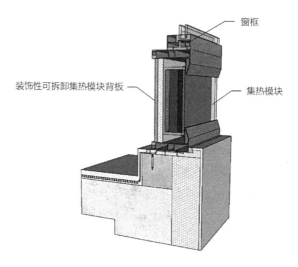

图 7-37　模块栏板式墙面安装构造示意

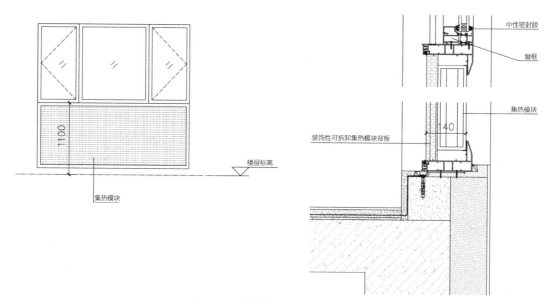

图 7-38　模块栏板式墙面安装构造

7.3.3 集成构造热工性能分析

7.3.3.1 屋面构造热工性能分析

通过上文所述钒钛黑瓷太阳能集热板与建筑屋面的一体化构成方式可以看出，不同的构造方式对建筑热工性能可能产生不同的影响。对于整体式及模块嵌入式屋面，在建筑保温层构造不变的情况下，屋面热阻增加，屋面的保温隔热性能得到改善；对于模块架空式屋面，集热系统的存在相当于为建筑提供了遮阳构件，也会改变建筑的耗能情况。本小节将采用6.1.1.1中的简单农宅模型I_0，利用DesignBuilder软件对有无安装钒钛黑瓷太阳能集热设备的建筑进行热工性能及建筑能耗的对比分析。建筑模型共有5种情景：①未安装太阳能设备（参照建筑）；②安装整体式钒钛黑瓷太阳能集热板；③安装嵌入式钒钛黑瓷太阳能集热模块；④安装低架空式钒钛黑瓷太阳能集热模块；⑤安装高架空式钒钛黑瓷太阳能集热模块。建筑地点设为济南地区，建筑模板选用Reference, Medium weight；钒钛黑瓷集热构件设为满屋面水平铺设（图7-39），其热工参数参照表4-1设置。

参照建筑屋面、安装整体式钒钛黑瓷太阳能集热板的屋顶和安装嵌入式钒钛黑瓷太阳能集热模块的屋面的构造示意及传热系数如图7-40所示。可见，整体式屋面的传热系数较参照屋面提高32.37%；嵌入式屋面则相当于在整体式屋面的基础上又增加了集热模块背板及模块内部的保温层，其传热系数较参照屋面提高44.80%。安装架空式集热模块的屋面构造基本与参照建筑相同，故不再赘述。

对5组建筑模型进行全年能耗及舒适度模拟分析，暖通空调系统设置为考虑采暖，不考虑制冷。图7-41展示了不同建筑模型的全年采暖能耗与空气温度。在采暖能耗方面，参照建筑的采暖能耗最高，两种架空模块式屋顶略次之，其中，高架空式较低架空式稍有降低。整体式屋面的采暖能耗降低较为明显，嵌入式效果最佳，二者分别较参照建筑降低5.14%及

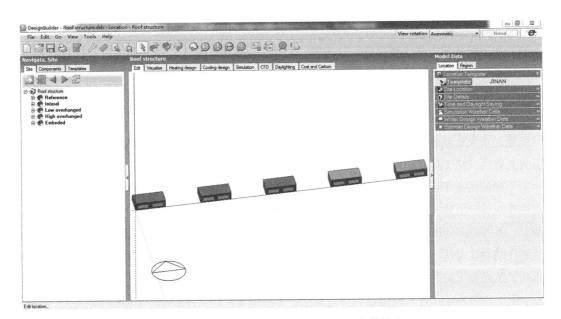

图 7-39 DesignBuilder 屋面构造热工性分析模拟界面

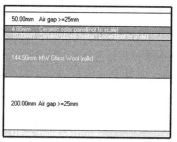

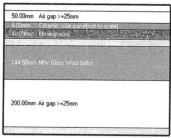

（a）参照屋面（0.346W/m²℃）　　（b）整体式屋面（0.234W/m²℃）　　（c）嵌入式屋面（0.191W/m²℃）

图 7-40　不同屋面构造示意及传热系数

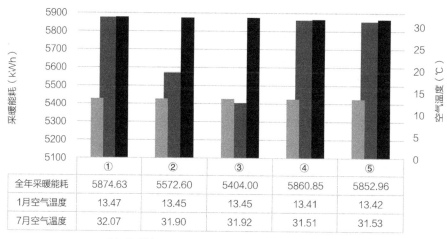

	①	②	③	④	⑤
全年采暖能耗	5874.63	5572.60	5404.00	5860.85	5852.96
1月空气温度	13.47	13.45	13.45	13.41	13.42
7月空气温度	32.07	31.90	31.92	31.51	31.53

■ 全年采暖能耗　■ 1月空气温度　■ 7月空气温度

图 7-41　不同屋面构造建筑模型的采暖能耗与空气温度

8.01%。在空气温度方面，各建筑模型的冬、夏季温差均不大。相较而言，参照模型的全年气温最高，而低架空式模型最低。这表明，安装屋面钒钛黑瓷太阳能集热系统对建筑的冬季室内环境影响明显，而对夏季室内环境影响不大。

7.3.3.2　墙面构造热工性能分析

通过上文所述钒钛黑瓷太阳能集热板与建筑墙面的一体化构成方式可以看出，不同的构造方式对建筑热工性能可能产生不同的影响。对于整体式及模块贴面式墙面，在建筑保温层构造不变的情况下，墙面热阻增加，墙面的保温隔热性能得到改善；对于模块栏板式墙面，集热模块替换了原有墙体，也会改变建筑的耗能情况。本小节将采用 6.1.1.1 中的简单农宅模型 I_0，利用 DesignBuilder 软件对有无安装钒钛黑瓷太阳能集热设备的建筑进行热工性能及建筑能耗的对比分析。建筑模型共有 4 种情景：①未安装太阳能设备（参照建筑）；②安装整体式钒钛黑瓷太阳能集热器；③安装贴面式钒钛黑瓷太阳能集热模块；④安装栏板式钒钛黑瓷太阳能集热模块。建筑地点设为济南地区，建筑模板选用 Reference, Medium weight，钒钛黑瓷集热构件假定为除洞口外南向满墙面铺设，其热工参数参照表 4-1 设置。

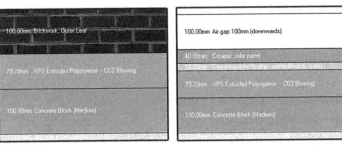

（a）参照墙面（0.351W/m²℃）　　　　（b）整体式墙面（0.325W/m²℃）

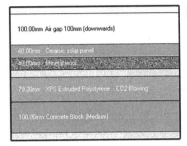

（c）贴面式墙面（0.247W/m²℃）　　　　（d）栏板式墙面（0.354W/m²℃）

图 7-42　不同墙面构造示意及传热系数

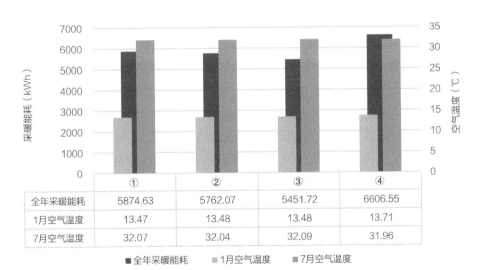

	①	②	③	④
全年采暖能耗	5874.63	5762.07	5451.72	6606.55
1月空气温度	13.47	13.48	13.48	13.71
7月空气温度	32.07	32.04	32.09	31.96

■ 全年采暖能耗　■ 1月空气温度　■ 7月空气温度

图 7-43　不同墙面构造建筑模型的采暖能耗与空气温度

　　参照建筑墙面、安装整体式钒钛黑瓷太阳能集热器的墙面和安装贴面式及栏板式钒钛黑瓷太阳能集热模块的墙面的构造示意及传热系数如图 7-42 所示。可见，整体式墙面的传热系数较参照墙面提高 7.12%；贴面式墙面较参照墙面提高 29.66%；采用 100mm 厚矿棉做保温层的栏板式墙面与参照墙面基本相当。

　　对 4 组建筑模型进行全年能耗及舒适度模拟分析，暖通空调系统设置为考虑采暖，不考虑制冷。图 7-43 展示了不同建筑模型的全年采暖能耗与空气温度。在采暖能耗方面，最高为栏板式墙面，其次为参照墙面，再次为整体式墙面，最低为贴面式墙面。其中，整体式墙面较参照墙面采暖能耗降低 1.92%，贴面式墙面降低 7.20%。对于模块栏板式墙面安装构造，若加厚保温层厚度，或更换保温性能更好的材料，则可以解决传热系数较大的问题。在空气温度方面，各建筑模型的冬、夏季温差均不大。这表明，安装墙面钒钛黑瓷太阳能集热系统对建筑的冬季室内环境影响明显，而对夏季室内环境影响不大。总体而言，墙面安装的钒钛黑瓷太阳能集热器比屋面安装的情况对建筑热环境的影响要小。

7.4 整合效益分析

本节针对钒钛黑瓷太阳能集热器，特别是双效钒钛黑瓷太阳能集热器的功能与作用，从整体出发，分析了其对室内环境的影响及在经济、社会方面的综合效益。这种整合效益的总结，可以用来分析太阳能技术与建筑进行集成后的效果。该过程可以使设计者在应用太阳能技术时对自己的方案进行定位，确定太阳能系统与建筑的集成程度，指导、改善、优化设计，也可以作为对太阳能建筑技术的评价，有利于太阳能技术的进一步推广与应用。[①]

7.4.1 整合效益综述

太阳能集热器的整合效益是一种综合效益，体现了太阳能集热器作为一个建筑构件与建筑通过有机集成，在建筑中发挥的作用。对于双效钒钛黑瓷集热器来说，其整合效益包括室内空气品质、经济效益、环保效益、社会效益等评价区域，每个区域都对应有影响因子，设计者可通过整合效益评价集热器的整体性能，也可以通过影响因子反推集热器的各参数，优化集热系统设计和与建筑的集成设计。

表 7-14 所示的框架针对双效集热器特有的性质进行搭建，体现了该类型集热器与常规单效集热器的不同，并能够综合地评判太阳能集热器建筑集成的整合效益，使太阳能集热器的使用和与建筑的集成设计，与环境及资源、能源及健康更紧密地联系起来，并逐步加强公众、开发商及设计者对建筑设计中利用太阳能技术营造和改善环境的重视。

双效太阳能集热器整合效益框架构成　　　　表 7-14

评价区域	影响因子
室内空气品质	室内温度
	新风量
	室内相对湿度
经济效益	集热器集热量
	集热器节电量
	初投资
	回收年限

① 赵群. 太阳能建筑整合设计对策研究 [D]. 哈尔滨：哈尔滨工业大学，2008.

评价区域	影响因子
环保效益	集热器减排量
社会影响	建筑外观
	使用安全
	建筑推广

7.4.2　室内空气品质

室内空气品质是一门综合科学，不仅包含了空气质量，而且有一些影响人们对环境的感觉和反应的因素也包含在其中。因此，评价或描述室内空气品质时，通常采用的方法有主观、客观和主客观相结合的方法。客观评价的方法是采用室内污染物指标——二氧化碳、一氧化碳、甲醛、可吸入尘等来评价室内空气品质，因为室内空气的温度和湿度也影响人对室内空气品质的感觉，因此还要充分考虑到室内温度、相对湿度、风速等因素，才能更加客观、全面、定量地反映室内环境。主观评价主要采用问卷调查的形式，通过问询室内使用人员的身体、精神感受，描述和评价室内环境，往往与热环境舒适度结合。

对于影响室内空气品质的因素，人们普遍认为通风与新风量非常重要。Martin W. Liddament[1] 在阐述通风及通风气流质量时说明，通风是控制室内空气质量的关键，同时通风效率也是影响空气品质的重要因素。李先庭等[2] 从新风、污染物、通风气流组织三个方面分析了室内空气质量的影响因素。他们认为应该综合考虑新风领域中的两个重要方面——新风量和新风清洁程度，以保证室内空气品质；空气龄是定量反映室内空气新鲜程度的指标，可以用该指标综合衡量室内的通风换气效果；建筑设计人员应该在建筑设计方案阶段就充分考虑到室内空气品质问题，以免对空调设计提出过高要求。刘欧子等[3] 认为人体热舒适与室内空气品质有着本质的、密切的联系：空气温度和相对湿度不但影响热舒适，而且影响人对室内空气品质的感受；气流组织形式对热舒适和室内空气品质都有影响和作用，合理的空气流动不仅可以排热除湿，创造舒适的室内环境，而且还能够降低室内空气中的污染物浓度并及时排出污染物。因此，人体热舒适与室内空气品质的研究往往同时展开。

双效钒钛黑瓷太阳能集热器在常规提供生活热水的同时还能提供预热新风，通过 7.2 的分析可知，不论在住宅中还是幼儿园里，通过合理设计，该集热系统都可以提供满足规范要求的新风量。如果在送风管道上安装具有 VOC 吸附效果的活性炭过滤器，可以对室外空气进行清洁过滤，降低外在污染物的影响，非常适合我国大部地区雾霾严重的现状。在送风口

---

① Martin W. Liddament. A review of ventilation and the quality of ventilation air [J]．Indoor Air, 2000, 10: 193-199.

② 李先庭，杨建荣，王欣．室内空气品质研究现状与发展 [J]．暖通空调，2000，30(3): 36-40.

③ 刘欧子，胡欲立，刘训谦．人体热舒适与室内空气品质研究——回顾、现状与展望 [J]．建筑热能通风空调，2001，2: 26-28.

加设加湿装置，也可以增加室内的相对湿度，有利于提高采暖季室内舒适性。另外，较高的送风温度不但能够满足人体舒适度要求，而且能够满足部分采暖需要。

根据空调设计送风风速标准，百叶新风风口的推荐风速为 2.5~4m/s，住宅、公寓、教室的推荐送风口风速为 2.5~3.8m/s。

集热面积 1.47m² 的双效钒钛黑瓷太阳能集热单元对室内空气品质的影响见表 7-15。

双效钒钛黑瓷太阳能集热单元与室内空气品质的关系　　　　表 7-15

新风速度 （m/s）	新风温度 （太阳辐射强度 900W/m²）	新风温度 （太阳辐射强度 700W/m²）	新风温度 （太阳辐射强度 500W/m²）	新风温度 （太阳辐射强度 400W/m²）	新风量 （m³/h）
2.5	39	30	20	15	90
3	32	24	16	11	108
4	23	17	—	—	144

7.4.3　经济效益

7.4.3.1　屋面集成经济效益

钒钛黑瓷太阳能集热板与屋面的结合并非简单的叠加关系，而是可替代或改变原有建筑屋面的一些构造层次。本小节将针对普通农宅钢筋混凝土瓦屋面与整体式、模块嵌入式、模块架空式钒钛黑瓷太阳能集热屋面及安装玻璃真空管、金属平板太阳能集热器的屋面进行对比计算，分析不同钒钛黑瓷太阳能集热屋面构造形式及采用不同种类太阳能集热器对建筑投资的影响。这 6 种屋面的基本构造层次如图 7-44 所示，除集热设备相关构造层次外，其他层次的材料与厚度均相同。

根据 3.2 中农宅建筑应用项目的建设经验及文献数据，各构造层次单位面积造价如表 7-16 所示。需要说明的是，由于相对于基本构造层次，铆钉等连接件的成本较为低廉，故为了方便研究，本小节不作考虑。经计算，普通钢筋混凝土瓦屋面与整体式、模块嵌入式、模块架空式钒钛黑瓷太阳能集热屋面及安装玻璃真空管、金属平板太阳能集热器的屋面的单位面积造价分别为 400 元、532 元、687 元、1065 元、1848 元及 2348 元。可见，各种钒钛黑瓷

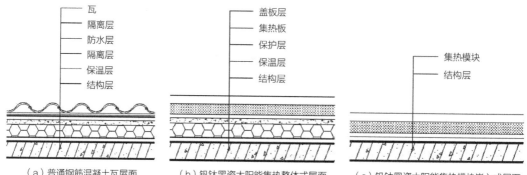

　（a）普通钢筋混凝土瓦屋面　　　（b）钒钛黑瓷太阳能集热整体式屋面　　（c）钒钛黑瓷太阳能集热模块嵌入式屋面

图 7-44　不同屋面构造的基本层次

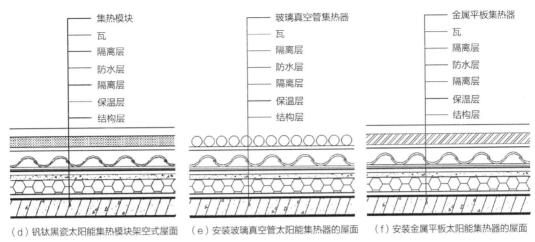

（d）钒钛黑瓷太阳能集热模块架空式屋面　（e）安装玻璃真空管太阳能集热器的屋面　（f）安装金属平板太阳能集热器的屋面

图 7-44　不同屋面构造的基本层次（续）

太阳能集热器与建筑屋面的构造形式都会使造价有所提高，但提高的幅度不同，且均比传统太阳能集热器成本低廉。在钒钛黑瓷集热器的对比中，整体式屋面是最经济的构造形式，其增加的成本仅为原屋面的 33%，模块式屋面的成本较高，尤其是模块架空式的成本增量高达166%，若考虑架空所需的结构和连接成本，此增量会更高。

各构造层次单位面积造价　　　　　　　　表 7-16

构造层次	材料及做法	造价（元 /m²）
结构层	100mm 厚钢筋混凝土板	220
保温层	70mm 厚聚苯板 +20mm 厚聚氨酯板	68
隔离层	20mm 厚水泥砂浆	1
防水层	油毡	80
保护层	8mm 厚菱镁板	20
瓦	普通瓦	30
钒钛黑瓷太阳能集热板	25mm 厚钒钛黑瓷太阳能集热板	180
盖板层	4mm 厚超白钢化玻璃	44
钒钛黑瓷太阳能集热模块	140mm 厚钒钛黑瓷集热模块	467
玻璃真空管太阳能集热器	典型玻璃真空管太阳能集热器	1250
金属平板太阳能集热器	典型金属平板太阳能集热器	1750

另一方面，采用太阳能系统虽然会带来投资成本的提高，但更会为建筑产生能量及相应的经济收益。太阳能集热系统的采暖季节能量（ΔQ_{save}）可按式（7-7）计算。若以济南地区12 月份纬度平面辐照量 13.854MJ/m²d[①]、采暖日数 120d 估算，则在仅考虑采暖季节能的情况

---

① 中华人民共和国住房和城乡建设部，中华人民共和国国家质量监督检验检疫总局. 太阳能供热采暖工程技术标准（征求意见稿）[S]. 北京：中国建筑工业出版社，2017: 24-40.

下，单位面积钒钛黑瓷太阳能集热系统的采暖季节能量为 831MJ。以表 6-1 中原煤的热价进行计算，太阳能系统年收益为 49 元。整体式、模块嵌入式和模块架空式钒钛黑瓷太阳能集热屋面较普通钢筋混凝土瓦屋面的增量成本分别为 132 元、287 元和 865 元，以简单回报法估算，可知成本回收期分别为 2.7 年、5.9 年和 17.7 年。而钒钛黑瓷太阳能集热板可与建筑同寿命，在成本回收后的使用期内，系统收益可观。

$$\Delta Q_{\text{save}} = A J_{\text{T}} \eta_{\text{l}} \qquad (7\text{-}7)$$

7.4.3.2 墙面集成经济效益

钒钛黑瓷太阳能集热板与墙面的结合并非简单的叠加关系，而是可替代或改变原有建筑墙面的全部或部分构造层次。本小节将针对普通农宅砖墙面与整体嵌入式、模块贴面式、模块栏板式钒钛黑瓷太阳能集热墙面及安装玻璃真空管、金属平板集热器的普通砖墙面进行计算，对比分析不同钒钛黑瓷集热墙面构造形式及不同太阳能集热器类型对建筑投资的影响。这 6 种墙面的基本构造层次如图 7-45 所示，除集热设备相关构造层次外，其他层次的材料与厚度均相同。

根据 3.2 中农宅建筑应用项目的建设经验及文献数据，各构造层次单位面积造价如表 7-17 所示。需要说明的是，由于相对于基本构造层次，铆钉等连接件的成本较为低廉，故为了方便研究，本小节不作考虑。经计算，砖墙面与整体嵌入式、模块贴面式、模块栏板式钒

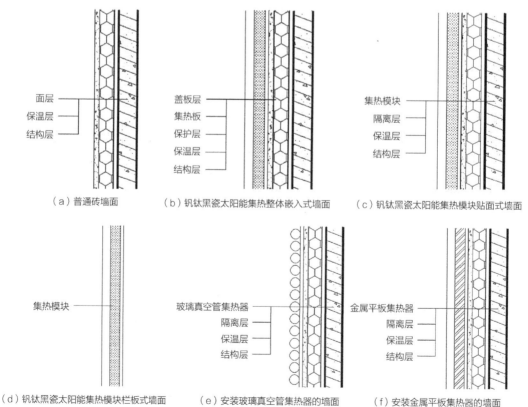

（a）普通砖墙面　　　（b）钒钛黑瓷太阳能集热整体嵌入式墙面　　　（c）钒钛黑瓷太阳能集热模块贴面式墙面

（d）钒钛黑瓷太阳能集热模块栏板式墙面　　　（e）安装玻璃真空管集热器的墙面　　　（f）安装金属平板集热器的墙面

图 7-45　不同墙面构造的基本层次

钛黑瓷太阳能集热墙面及安装玻璃真空管、金属平板集热器的墙面的单位面积造价分别为229 元、472 元、696 元、569 元、1479 元和1979 元。可见，各种钒钛黑瓷太阳能集热器与建筑墙面的构造形式都会使造价有所提高，但提高的幅度不同，且较传统太阳能集热器成本低廉。在钒钛黑瓷集热墙面的构造做法中，整体式是最经济的形式，其增加的成本为原墙面的106%；其次为与普通砖墙面热工性能基本相当的阳台栏板式，其成本增量为148%；而模块贴面式墙面的成本最高，其增量高达204%。

各构造层次单位面积造价　　　　　　　　　　表 7-17

构造层次	材料及做法	造价（元 /m²）
结构层	240mm 厚普通砖	160
保温层	70mm 厚聚苯板 +20mm 厚聚氨酯板	68
面层	20mm 厚水泥砂浆	1
隔离层	20mm 厚水泥砂浆	1
保护层	8mm 厚菱镁板	20
钒钛黑瓷太阳能集热板	25mm 厚钒钛黑瓷太阳能集热板	180
盖板层	4mm 厚超白钢化玻璃	44
钒钛黑瓷太阳能集热模块	140mm 厚钒钛黑瓷集热模块	467
	200 厚钒钛黑瓷集热模块	569
玻璃真空管太阳能集热器	典型玻璃真空管太阳能集热器	1250
金属平板太阳能集热器	典型金属平板太阳能集热器	1750

另一方面，采用太阳能系统虽然会带来投资成本的提高，但更会为建筑产生能量及相应的经济收益。太阳能集热系统的采暖季节能量可按式（7-7）计算。若以济南地区 12 月份与地平线垂直的立面上的辐照量9.836MJ/m²d[①]、采暖日数 120d 估算，则在仅考虑采暖季节能的情况下，单位面积钒钛黑瓷太阳能集热系统的采暖季节能量为 610MJ。以表 6-1 中原煤的热价进行计算，太阳能系统年收益为 36 元。整体嵌入式、模块贴面式和模块栏板式钒钛黑瓷太阳能集热墙面较普通砖墙面的增量成本分别为 243 元、467 元和 340 元，以简单回报法估算，可知成本回收期分别为 6.8 年、13.0 年和 9.4 年。而钒钛黑瓷太阳能集热板可与建筑同寿命，在成本回收后的使用期内，系统收益可观。

7.4.4　环保效益

双效钒钛黑瓷太阳能系统利用清洁环保的太阳能热量产生热水和预热新风，节省了常规能源的消耗，减少了二氧化碳的排放量，如式（7-8）所示，且不会对环境产生负面影响。

---

① 中华人民共和国住房和城乡建设部，中华人民共和国国家质量监督检验检疫总局. 太阳能供热采暖工程技术标准（征求意见稿）[S]. 北京：中国建筑工业出版社，2017: 24，40.

$$Q_{\mathrm{CO_2}} = \frac{Q_{\mathrm{save}} \times n}{W \times Eff} \times F_{\mathrm{CO_2}} \times \frac{44}{12} \qquad (7\text{-}8)$$

式中，$Q_{\mathrm{CO_2}}$：系统使用寿命内的二氧化碳减排量，kg；

$\quad Q_{\mathrm{save}}$：太阳能系统的年节能量，MJ；

$\qquad W$：标准煤热值，29.308MJ/kg；

$\qquad n$：系统寿命，取 50 年；

$\quad Eff$：常规能源水加热装置的效率，%；

$\quad F_{\mathrm{CO_2}}$：二氧化碳排放因子，0.866kJ/kg 标准煤。

已知使用双效钒钛黑瓷太阳能集热器，每平方米每年提供不低于 2500MJ 的能量，全年可减少约 566kg 二氧化碳的排放量。因钒钛黑瓷集热板寿命长的特性，双效钒钛黑瓷集热器主体的使用寿命可按 50 年计算。在其使用寿命内可减少 28.3t 二氧化碳的排放，具有很好的环保效益。

7.4.5　社会效益

双效钒钛黑瓷太阳能集热器的外观有别于常规的玻璃真空管集热器，自身重量普遍大于其他常规集热器，其吸热板的寿命较长，但在使用中还要充分考虑有关维护和管理的问题。另外，该类型集热器最大的特点是能够提供预热新风。以上因素都将使集热器在使用推广中产生不同的社会影响和效益。

7.4.5.1　视觉效益

太阳能集热器与建筑从外观上完美结合，一直是建筑设计者与集热器研发者共同努力的方向。集热器应以建筑构件的形式与建筑从根本上合为一体，这就需要集热器从颜色、尺寸、形状、材质、位置及构造做法等方面与建筑相互调节达到统一。钒钛黑瓷集热器因为陶瓷材料的使用，与建筑建造材料更为接近，因此具有视觉统一的条件。当然，如果目前要重点考虑保温性能的话，还需要借助玻璃盖板的作用，陶瓷板还不能以瓦屋面的形式直接出现。但是根据建筑类型的不同，结合空气源热泵，这种与建筑结合的方式也是可行的。这从视觉效益的角度为太阳能建筑一体化提供了新的思路，对建筑外观能够产生较大的影响，与建筑外观的结合度将会直接影响到人们对该集热类型的接受度。

7.4.5.2　安全效益

太阳能技术的使用对建筑的安全性能造成一定的影响。安全性能主要以结构承载度和匹配度以及防灾能力作为量度。在太阳能集热装置与建筑整合时，对于结构层的承载力、防水和保温等性能都会产生影响[①]，这将直接关系到用户的正常使用和周围相关人员的安全。由于双效钒钛黑瓷太阳能集热器集热板本身质量较重、容水量较大，单位面积的集热器重量将大

[①] 赵群. 太阳能建筑整合设计对策研究 [D]. 哈尔滨：哈尔滨工业大学，2008.

于普通金属平板集热器和玻璃真空管集热器，因此安全效益是衡量集热器合理设计、高质量施工和正常使用的重要指标。

7.4.5.3 使用效益

在太阳能集热器的推广应用方面，要充分考虑其经济性、使用的便捷性和维护的简易性。太阳能设备与建筑的集成度越高，建筑与设备的维护难度可能会越大，而且用户的维护和使用的正确与否极大地影响着太阳能设备的使用寿命和效率，如果使用和维护的方法过于复杂、维护费用过高，会大大影响使用效果，进而限制太阳能设备的发展与推广。对于双效钒钛黑瓷集热器系统来说，热水部分与普通太阳能热水器类似；为了能使预热新风部分的使用达到最优化，要求有相应的控制操作方法，根据温度、时间、太阳辐射来自动或手动调整。这有可能会增加使用难度，必须寻求简单易行的操作方法，不过分增加使用的负担和维护管理的工作应是追求的目标。

7.4.5.4 健康效益

双效钒钛黑瓷太阳能集热器能够提供室内健康所需的预热新风量，这在室外空气状况堪忧、雾霾频发的今天具有非常现实的健康效益。结合简单的空气净化滤网和紫外线杀菌装置，使新风得到过滤，可以减少空调的使用，省却昂贵的空气净化装置，适合量大面广、有健康要求的住宅、幼儿园、中小学、卫生院的使用。

7.5 本章小结

本章在对已有的双效钒钛黑瓷集热器模型单元进行充分的热性能研究的基础上，将其应用于建筑中，总结出该类型集热器与建筑集成的设计要求、特点与原则，并选取高层住宅和幼儿园作为代表，具体探讨了与建筑集成的设计方法，提出了集热器参数选取的表格或公式，可以指导实际工程的直接应用。

在建筑集成设计中，应根据建筑特点首先确定集热器的主要工质。

在进行住宅设计中，应以热水作为主要工质进行计算，确定集热器的面积。以济南为代表的寒冷地区，可按表 4-5 进行集热器面积的选择。推荐选用分户集热—分户储热—间接换热系统，集热器安装于窗下墙、窗间墙或阳台栏板等位置。

在进行幼儿园设计时，应以预热新风作为主要工质进行计算。以济南为代表的寒冷地区，集热器面积取幼儿使用面积的 9% ~ 10% 可以满足通风换气的健康需求，并能提供部分供暖。推荐选用集中集热—集中储热—强制循环—直接换热系统，集热器安装于屋面。如面积不够，也可选用分户集热—分户储热—强制循环—直接换热系统，利用窗下墙安装集热器。

如果按照本书的设计参数对集热器面积进行扩展，应在本书实验使用的集热模块基础上采用并联的形式连接，才能保证实验已知的集热效果。

此外，本章提出了钒钛黑瓷太阳能集热板与建筑屋面及墙面的整体式与模块式构造方法，且对不同构造形式给建筑热工性能及造价带来的影响进行了计算。结果表明，各种屋面安装构造做法、整体式及模块贴面式墙面安装构造做法均可为建筑能耗带来正面影响；模块栏板式墙面安装做法对建筑能耗的影响与模块内部的保温材料关系密切。在冬季采暖、夏季不制冷的模式下，安装钒钛黑瓷太阳能集热系统对建筑的冬季室内环境影响明显，但对夏季室内环境影响不大。虽然各种构造方法均会带来建筑成本的增加，但整体式屋面与整体式墙面是最为经济的形式，且与玻璃真空管及金属平板集热器相比优势明显。

总之，本章的设计与分析基本解决了在调研过程中发现的钒钛黑瓷太阳能集热器与建筑一体化结合的问题。

8

结论与展望

8.1 主要结论

（1）提出了钒钛黑瓷太阳能集热器及其系统的优化理论与方法

本文针对钒钛黑瓷太阳能集热器设计了参照模型，分别分析了空气温度、太阳辐照强度、采光面积、翅片宽度、翅片厚度、盖板层数、盖板厚度、盖板透过率、质量流量及进口温度对它的影响，由此设计出优化的集热器模型。

在该研究基础上，研发了双效钒钛黑瓷太阳能集热器，通过建立三维模型，利用 CFD 软件对集热器的设计参数进行了模拟计算，并在实验中得出了具体的热性能数据，验证了计算机的模拟结果。研究表明，双效钒钛黑瓷太阳能集热器不论在单独加热水或空气还是同时加热水和空气方面，都具有较高的集热效率，而且双效运行的集热效率明显高于单效运行，因此该类型集热器完全可行。

在系统优化方面，本书以农宅建筑为例，将钒钛黑瓷太阳能集热系统与生物质锅炉辅热系统相结合，可以形成节能、经济、环保的农宅供热系统。最优方案参数为燃烧器功率、集热面积和水箱容积分别取约束条件下的最小值、最大值和最小值。通过合理的设计，钒钛黑瓷集热系统与建筑集成可以是安全、经济、美观的，并且各种结合的形式均可给建筑的性能带来积极影响。

（2）开辟了建筑清洁供热的新途径

经实验室与项目应用测试，钒钛黑瓷太阳能集热系统的平均集热效率约为 50%，且热性能符合相关行业要求。以简单回报法对实践项目所采用的钒钛黑瓷太阳能集热系统的全寿命周期成本节约与回报时间进行分析，结果可见，与传统的金属平板及玻璃真空管系统相比，钒钛黑瓷系统的经济优势明显。

（3）促进了钒钛黑瓷太阳能集热技术与建筑的集成应用

以集热性能为基础，针对住宅和幼儿园不同的使用特点和要求，分别进行了集热器与建筑的集成设计。根据热水和预热新风不同的需求量，推算出分别适应住宅和幼儿园的集热面积的计算方法，从功能上完成了与建筑的集成。

另外，本书参考金属平板集热器与建筑结合的构造方法，并进一步深化，研究了集热器与建筑屋顶和墙面的集成设计方法，通过共用结构层、保温层，简化了构造，降低了造价。研究表明，双效陶瓷太阳能集热器在构造上也可以与建筑集成优化。

8.2 推广与展望

经大量调研发现，目前大部分住宅、幼儿园、办公等建筑主要通过开窗通风或开启空调的方式调节室内空气质量。但是基于室外空气质量堪忧的现状，简单的开窗通风并不能优化室内空气品质；运行空调则能耗较高，舒适度不够理想；专业的空气净化设备由于成本等方面的原因不利于大范围推广。因此，当前迫切需要能同时实现健康、舒适、节能、节约的绿色设计方法。综合利用无污染、技术较为成熟、成本较低的太阳能光热技术为建筑提供采暖与健康新风，不但可以压减燃煤，有效缓解目前国家面临的能源与环境问题，而且能够优化室内空气品质，适应多方面的需求。

本书研究的双效钒钛黑瓷太阳能集热器耦合预热新风与热水两种功能，能够对新风进行预热、净化、加湿后送入室内，在满足通风换气健康要求的同时提高室内温度，有利于改善春、秋、冬季的室内热环境，并能提供生活热水和部分采暖热水，更加充分有效地利用太阳能。

本理论成果预计可以作如下应用推广：对于无集中供暖的居住建筑，在集热面积不大的情况下，同一集热系统，可以在夏季以提供热水为主，在冬季以提供热风为主；对于集热面积足够的低层住宅，可以在利用热水系统提供采暖，在利用预热新风改善过渡季节的室内环境；对于工业建筑，可以利用较大的集热面积产生低温热水作为锅炉或工业生产的初级能源，冬季产生预热新风改善生产条件；对于住宅、幼儿园、小型办公、农村卫生院和中小学校舍，可以利用低温热水作为生活热水，同时利用预热新风改善室内空气质量，满足卫生需要；对于沿海和内陆地区，可直接加热海水或苦盐水，用于养殖、水质淡化和发电。本课题成果适合于多种建筑类型，能够在更大的城乡范围内推广，对于节能减排、提高室内舒适度具有重要意义。

参考文献

[1] 联合国环境署执行主任索尔海姆发表环境署最新报告《迈向零污染地球》http://m.news.cctv.com/ 2017/12/05/ ARTIb10ec1Hv3ksZjZ79Q6f3171205.shtml.

[2] 世卫组织. 贫富国空气污染差距拉大 [J]. 环境与生活, 2018(5).

[3] 赵艺博, 武菁, 张斌, 等. 居民冬季取暖现状及清洁取暖接受意愿调研分析——以河北省试点地区为例 [J]. 农村科学实验, 2017(7): 42-43.

[4] 李勇. 一种太阳能真空管空气集热器理论与实验研究 [D]. 北京: 北京建筑大学, 2013.

[5] 杨青, 郭伟, 于国清. 直通式真空管太阳能空气集热器的实验研究 [J]. 建筑节能, 2017(3).

[6] 王腾月, 刁彦华, 赵耀华, 等. 微热管阵列式太阳能空气集热—蓄热系统性能试验 [J]. 农业工程学报, 2017(18): 156-164.

[7] Nematollahi O, Alamdari P, Assari M R. Experimental investigation of a dual purpose solar heating system[J]. Energy Conversion & Management, 2014, 78(78): 359-366.

[8] 朱婷婷, 刁彦华, 赵耀华, 等. 基于平板微热管阵列的新型太阳能空气集热器热性能及阻力特性研究 [J]. 太阳能学报, 2015, 36(4): 963-970.

[9] 梁春华, 吴永明, 曾玲. 平板太阳能集热器与建筑物屋顶的一体化结构设计 [J]. 建筑节能, 2015(8): 25-28.

[10] 马进伟, 方廷勇, 陈茜茜. 太阳能双功能集热器被动采暖模式的理论模拟和实验验证 [J]. 安徽建筑大学学报, 2017, 25(03): 26-30.

[11] Buker M S, Riffat S B, Kazmerski L. Building integrated solar thermal collectors – A review[J]. Renewable & Sustainable Energy Reviews, 2015, 51(C): 327-346.

[12] 毛凌波. 直接吸收式太阳能集热系统研究综述 [J]. 材料导报, 2007, 21(12): 12-15.

[13] Micheal A. Davis. Ceramic solar collector: United States of America, 4222373 [P]. 1980-09-16.

[14] Ali A. Badran. The water-trickle ceramic solar collector [J]. Solar & Wind Technology, 1989, 6(5): 517-522.

[15] Ankeny A. E. Ceramic materials for solar collectors [R]. U. S. Department of Energy Office of Scientific and Technical Information. 1982-09-29.

[16] Miroslaw Zukowski, Grzegorz Woroniak. Experimental testing of ceramic solar collectors [J]. Solar Energy, 2017, 146: 532–542.

[17] Jianhua Xu, Xinen Zhang, Yuguo Yang, et al. A Perspective of All-Ceramic Solar Collectors [J]. Energy & Environment Focus. 2016, 5(3): 157-162.

[18] 刘鉴民. 新型黑色陶瓷太阳能平板集热器的热性能分析 [J]. 甘肃科学学报, 1990(4): 12-18.

[19] 任川山. 陶瓷太阳板集热器集热性能分析 [D]. 邯郸: 河北工程大学, 2013: 60.

[20] 马瑞华, 马瑞江. 钒钛黑瓷太阳能辅助空气源热泵用于游泳池工程 [J]. 中国给水排水, 2014(16): 53-57.

[21] 马瑞华, 刘谦蜀. 钒钛黑瓷太阳能应用于钛白废酸浓缩回用工程 [J]. 给水排水, 2014, (4): 58-61.

[22] Guang Zhou, Yongman Lin, Chunhua Liu. Study on the Heat Transfer Mechanism of Ceramic Solar Collector [J]. Advanced Materials Research, 2015, 1070-1072: 39-43.

[23] 李国伟. 利用钒钛尾渣制备黑瓷及其太阳能集热应用 [D]. 成都: 西华大学, 2015: 62.

[24] 山东省科学院新材料研究所. 新型陶瓷太阳板及其安装 [EB]. 2016-08-30.

[25] 马兰, 谢志军. 钒钛黑瓷太阳能家用热电装置设计及热点效能测试 [J]. 教育教学论坛, 2016(23): 100-101.

[26] 陈德胜, 吴云涛, 安艳华. 2013 十项全能太阳能建筑竞赛中绿色建筑的技术共性 [J]. 装饰, 2015 (7): 98-100.

[27] 王崇杰，丁玎. 2013 年国际太阳能十项全能竞赛 [J]. 建筑学报，2013(11): 110-114.

[28] 山东省巨野县核桃园镇吴平坊村. 用户使用报告 [R]. 2015.

[29] 马思聪. 与新型农村绿色建筑一体化的供能系统性能研究 [D]. 兰州：兰州理工大学，2014: 2.

[30] 李金平，马思聪，刁荣丹，等. 新型农村绿色建筑的构建与能耗分析 [J]. 中国沼气，2012, 30(6): 28-32.

[31] 北京市昌平区阳坊镇西贯市村. 用户报告 [R]. 2015.

[32] 国家太阳能热水器质量监督检验中心（北京）. 检验报告：国太质检 (委) 字 (2015) 第 TX04 号 [R]. 2015: 1-6.

[33] 山东天虹弧板有限公司，山东省科学院新材料研究所. 陶瓷太阳能房顶农居代煤采暖热水方案 [R]. 2017: 80.

[34] 高腾. 平板太阳能集热器的传热分析及设计优化 [D]. 天津：天津大学. 2011: 8.

[35] 张鹤飞. 太阳能热利用原理与计算机模拟 [M]. 西安：西北工业大学出版社，2004: 86.

[36] 西北轻工业学院. 玻璃工艺学 [M]. 北京：中国轻工业出版社，2006: 149.

[37] 李明，季旭. 槽式聚光太阳能系统的热电能量转换与利用 [M]. 北京：科学出版社，2011: 37.

[38] S. A. Klein. Calculation of fiat-plate loss coefficient [J]. Solar Energy, 1975(17): 79-80.

[39] 别玉，胡明辅，郭丽. 平板型太阳能集热器瞬时效率曲线的统一性分析 [J]. 可再生能源，2007, 25(4): 18-20.

[40] 顾明. 平板集热的太阳能海水淡化系统性能研究 [D]. 大连：大连理工大学，2014: 20.

[41] 曹树梁，许建华，杨玉国，等. 陶瓷太阳板及其应用 [J]. 能源研究与利用，2011(2): 34-35.

[42] 侯宏娟. 太阳集热器热性能动态测试方法研究 [D]. 上海：上海交通大学，2005.

[43] 吕萍秋. 太阳能采暖和热水组合系统的研究 [J]. 甘肃科学学报，2009, 21(1): 151-153.

[44] 任川山，张杰，王耀堂. 陶瓷板太阳能集热器集热性能分析 [J]. 科技创新与应用，2013(13): 49-50.

[45] 佛山华盛昌陶瓷有限公司. 测试报告：SW128 [S]. 广东省太阳能协会，2013: 1.

[46] 严军，乔建华. 高寒地区陶瓷太阳能集热系统的应用研究 [J]. 青海大学学报（自然科学版），2014, 32(6): 34-37.

[47] 青海万通新能源技术开发股份有限公司. 贵德拉西瓦村民太阳能采暖工程项目设计方案 [R]. 2014: 13-18.

[48] 北京天能通太阳能科技有限公司. 检验报告：国太质检（委）字（2015）第 TX04 号 [S]. 国家太阳能热水质量监督检验中心（北京），2015: 1-2.

[49] 陈贤伟，范新晖，周子松. 陶瓷板太阳能集热器发展现状及研究 [J]. 佛山陶瓷，2014(2): 1-4, 18.

[50] 刘九菊. 我国北方寒冷地区秸秆建筑建造探析 [J]. 低温建筑技术，2013(12): 38-40.

[51] 李金平，司泽田，孔莹，等. 西北农村单体住宅太阳能主动采暖效果试验 [J]. 农业工程学报，2016, 32(21): 217-222.

[52] 张延路. 寒冷地区农村住宅节能技术研究 [D]. 天津：河北工业大学，2008: 5.

[53] 刘宝雨，朱道维，陈云东. 我国北方农村采暖现状及发展趋势探讨 [J]. 科技信息，2012(15): 168-169.

[54] 李文婷. 主动式太阳能热水供热采暖系统设计 [J]. 青海科技，2010(4): 4-5.

[55] 唐润生，吕恩荣. 集热器最佳倾角的选择 [J]. 太阳能学报，1988, 9(4): 369-376.

[56] 梁若冰，方亮，郭敏. 济南太阳能热利用率分析 [J]. 节能，2017(9): 61-65.

[57] W·A·贝克曼，S·A·克莱因，J·A·达菲，等. 太阳能供热设计 f- 图法 [M]. 北京：中国建筑工业出版社，2011: 13-15.

[58] 李宁. 生物质锅炉辅助太阳能供热采暖系统的研究 [D]. 西安：西安建筑科技大学，2012: 25.

[59] 张亮. 不同热源供暖性能的比较与评价研究 [D]. 西安：西安建筑科技大学，2010: 30.

[60] 郑瑞澄. 太阳能供热采暖工程应用技术手册 [M]. 北京：中国建筑工业出版社，2012: 194.

[61] Jianhua Xu, Yuguo Yang, Bin Cai, et al. All-ceramic solar collector and all-ceramic solar roof [J]. Journal of the Energy Institute, 2014, 87: 46.

[62] Jingyi Han, ArthurP. J. Mol, YonglongLu. Solar water heaters in China: A new day dawning [J]. Energy Policy, 2010, 38: 386-387.

[63] 赵东亮. 空气—水复合集热太阳能供热采暖系统研究与应用 [D]. 上海：上海交通大学，2010: 48.

[64] 祖文超. 复合式太阳能供热系统研究 [D]. 济南：山东建筑大学，2010: 65.

[65] 徐玉梅. 太阳能采暖在行政办公楼的应用探讨 [J]. 太阳能，2008(05): 42-43.

[66] 李文博，吕建，解群，等. 村镇住宅太阳能 / 沼气联合采暖系统的经济性分析 [J]. 天津城市建设学院学报，2010(2): 4.

[67] 王泽龙，侯书林，赵立欣，等. 生物质户用供热技术发展现状及展望 [J]. 可再生能源，2011, 29(4): 72-83.

[68] 孟玲燕，徐士鸣. 太阳能与常规能源复合空调 / 热泵系统在别墅建筑中的应用研究 [J]. 制冷学报，2006, 27(1): 15-22.

[69] 赵沁童. 寒冷地区多能互补热泵系统的性能实验研究 [D]. 兰州：兰州理工大学，2013: 5.

[70] 王泽龙，田宜水，赵立欣，等. 生物质能—太阳能互补供热系统优化设计 [J]. 农业工程学报，2012, 28(19): 178-184.

[71] 许建华，王启春，修大鹏，等. 使建筑增值的陶瓷太阳能房顶 [J]. 江苏建材，2014(02): 23-25.

[72] Anja Loose, Harald Druck. Field test of an advanced solar thermal and heat pump system with solar roof tile collectors and geothermal heat source [C]. Energy Procedia, 2014, 48: 904-913.

[73] 李恒龙，邹迎曦，周国平. 波形太阳能集热瓦的设计与研制 [J]. 农村能源，1992(2): 26-27.

[74] 罗炳庆，何伟. 瓦型集热器综述 [J]. 安徽建筑工业学院学报（自然科学版），2013, 21(5): 122-124.

[75] 罗炳庆，何伟. 新型太阳能集热技术对黄山徽派建筑太阳能采暖贡献率分析 [J]. 安徽建筑工业学院学报（自然科学版），2013, 21(5): 110-111.

[76] 陈国本. 新型太阳能瓦 [J]. 建材工业信息，1984(11): 13.

[77] 李慧敏，孙培军，俞彤霖. 太阳能与建筑结合的发展及新技术应用 [J]. 建设科技，2008(10): 59-64.

[78] 郑瑞澄，路宾，李忠，等. 工程建设国家标准《太阳能供热采暖工程技术规范》编制要点 [C]. 全国暖通空调制冷学术年会，2008: 2.

[79] 景军. 太阳能集热器与建筑结构屋面结合方式研究 [J]. 建筑施工，2015(26): 210.

[80] 黎哲宏，黄俊鹏. 太阳能建筑一体化工程安装指南 [M]. 北京：中国建筑工业出版社，2015: 76.

[81] 新华网. 拿什么拯救你——"爆表"的霾 [OL]. http://news.xinhuanet.com/photo/2013/12/11/c_125840212_2.htm.

[82] BP 集团. BP 世界能源统计年录 [R]. 2013.

[83] 清华大学建筑节能研究中心. 中国建筑节能年度发展研究报告 2013 [R]. 北京：中国建筑工业出版社，2013: 4.

[84] 祁神军，张云波，王晓璇. 我国建筑业直接能耗碳排放结构特征研究 [J]. 建筑经济，2012, 12: 58-62.

[85] 国家发展和改革委员会，国家能源局，财政部，等. 北方地区冬季清洁取暖规划（2017-2021 年）[OL]. 中华人民共和国中央人民政府，2017-12-20.

[86] 王崇杰，薛一冰，等. 太阳能建筑设计 [M]. 北京：中国建筑工业出版社，2007.

[87] 罗运俊，陶桢. 太阳能热水器及系统 [M]. 北京：化学工业出版社，2007: 66.

[88] 孙伟，王银峰，陈海军，等. 跟踪式 CPC 热管真空管太阳能集热器性能研究 [J]. 热力发电，2013.11: 21-30.

[89] 赵玉兰，张红，战栋栋，等. CPC 热管式真空管集热器的集热效率研究 [J]. 太阳能学报，2007, 28 (9): 1022-1025.

[90] 李建昌，侯雪艳，王紫瑄，等. 真空管式太阳集热器研究最新进展 [J]. 真空科学与技术学报，2012, 10: 943-950.

[91] 万峰，夏青，姚文杰，等. 纳米材料对太阳能集热器的影响 [J]. 陶瓷，2011, 06: 16-18.

[92] Collet J., Bonnier M., Bouloussa O.,et al. Electrical Properties of End-Group Functionalised Self-Assembled Monolayers [J]. Mieroelectronic Engineering, 1997, 36: 119-122.

[93] Hussain Al-Madani .The Performance of a Cylindrical Solar Water Heater [J]. Renewable Energy, 2006, 31:1751-1763.

[94] 彭运吉. 平板型太阳能集热器的研究进展 [J]. 石油和化工节能，2012, 02: 6.

[95] 段芮，朱群志. 气凝胶在平板太阳能集热器上的应用 [J]. 上海电力学院学报，2010, 01: 90-92.

[96] 谢光明. 丹麦减反射玻璃简介 [J]. 太阳能，2007, 06: 59.

[97] 郑宏飞，吴裕远，郑德修. 窄缝高真空平面玻璃作为太阳能集热器盖板的实验研究 [J]. 太阳能学报，2001, 07: 270-273.

[98] 李芷昕，杨坚，李淑兰. 平板太阳能集热器抗冻研究进展 [J]. 太阳能，2008, 05: 25-27.

[99] 赵耀华，邹飞龙，刁彦华. 新型平板热管式太阳能集热技术 [J]. 工程热物理学报，2010, 12: 83-86.

[100] 裴刚，杨金伟，张涛，等. 一种热管平板太阳能集热装置的性能研究 [J]. 热科学与技术，2011, 02: 48-51.

[101] EL-SAWI A M, WIFI A S, YOUNAN M Y, et al. Application of folded sheet metal in flat bed solar air collectors [J]. Applied Thermal Engineering, 2010, 30: 864-871.

[102] HOBBIM A, SIDDIQUI K. Experimental study on the effect of heat transfer enhancement devices in flat-plate solar collectors [J]. International Journal of Heat and Mass Transfer, 2009, 52: 4650-4658.

[103] G. Martinopoulos, G. Tsilingiridis, N. Kyriakis. Identification of the environmental impact from the use of different materials in domestic solar hot water systems [J]. Applied Energy, 2013, 02 (102): 545-555.

[104] 葛晓敏，殷骏. 各有奇招——世界平板太阳能集热器制造技术纵览（上）[J]. 太阳能，2011, 14: 52-54.

[105] 张璧光，刘志军，谢拥群. 太阳能干燥技术 [M]. 北京：化学工业出版社，2007: 66.

[106] 袁颖利，李勇，代彦军，等. 内插式太阳能真空管空气集热器性能分析 [J]. 太阳能学报，2010, 6: 703-707.

[107] 王志峰，Sun Hongwei. 全玻璃真空管空气集热器管内流动与换热的数值模拟 [J]. 太阳能学报，2001, 01: 35-39.

[108] 陆琳，陈秀娟，何志兵，等. 简化 CPC 式全真空玻璃集热管太阳能高温空气集热器的传热模型研究 [J]. 热科学与技术，2012, 11 (2): 118-124.

[109] Chr. Lamnatou, E. Papanicolaou, V. Belessiotis, et al. Experimental investigation and thermodynamic performance analysis of a solar dryer using an evacuated-tube air collector [J]. Applied Energy, 2012, 06 (94): 232-243.

[110] 郑瑞澄，路宾，李忠，等. 太阳能供热采暖工程应用技术手册 [M]. 北京：中国建筑工业出版社，2012: 78.

[111] 王崇杰，管振忠，薛一冰，等. 渗透型太阳能空气集热器集热效率研究 [J]. 太阳能学报，2008, 29 (1): 36-39.

[112] 高林朝，沈胜强，郝庆英，等. 多孔体太阳空气集热供暖系统热性能实验研究 [J]. 太阳能，2012, 08:167-172.

[113] 李宪莉，任绳凤，林国真，等. 冲缝吸热板渗透型太阳能空气集热器性能研究 [J]. 煤气与热力，2012, 04: 29-33.

[114] 邓月超，赵耀华，全贞花，等. 平板太阳能集热器空气夹层内自然对流换热的数值模拟 [J]. 建筑科学，2012, 10: 84-87.

[115] 郝庆英，高震，董立艳，等. 多功能太阳能采暖集热器研究 [J]. 节能技术，2010, 28 (162): 360-363.

[116] 吴国玉，胡明辅，袁江，等. 整体式太阳能空气集热器传热性能分析 [J]. 节能技术，2012, 30 (174): 366-369.

[117] 张欢，高煜，由世俊. 一种新型渗透式太阳能空气集热器的热性能研究 [J]. 天津大学学报，2012, 07: 591-598.

[118] 夏佰林，赵东亮，代彦军，等. 扰流板型太阳平板空气集热器集热性能 [J]. 上海交通大学学报，2011, 45 (6): 870-874.

[119] Yeh Ho-Ming, Ho Chii-Dong. Effect of external recycle on the performances of flat-plate solar air heaters with internal fins attached [J]. Renewable Energy, 2009, 34 (9): 1340-1347.

[120] Deniz Alta, Emin Bilgili, C. Ertekin, et al. Experimental investigation of three different solar air heaters: Energy and exergy analyses [J]. Applied Energy, 2010, 87 (10): 2953-2973.

[121] Ucar A, Ina11iM. Thermal and energy analysis of solar air collectors with passive augmentation techniques [J]. International Communications in Heat and Mass Transfer, 2006, 33 (10): 1281-1290.

[122] A.M. El-Sawi, A.S. Wifi, M.Y. Younan, et al. Application of folded sheet metal in flat bed solar air collectors [J]. Applied Thermal Engineering, 2010, 30 (8/9): 864-871.

[123] Donggen Peng, Xiaosong Zhang, Hua Dong, et al. Performance study of a novel solar air collector [J]. Applied Thermal Engineering, 2010, 30 (16): 2594-2601.

[124] J.K. Tonui, Y. Tripanagnostopoulos. Improved PV/T solar collectors with heat extraction by forced or natural air

circulation [J]. Renewable Energy, 2007, 32 (4): 623-637.

[125] 徐淑常. 钒钛黑瓷太阳板、太阳瓦 [J]. 建筑工人，1987 (12): 49.

[126] 山东天虹弧板有限公司. 复合陶瓷太阳板：中国，ZL200910007128.X [P]. 2010-10-27.

[127] 北京首建标工程技术开发中心. 建筑一体化阳台栏板陶瓷太阳能热水系统 [S]. 北京市城乡规划标准化办公室，北京工程建设标准化协会. 2011: 3-4+10.

[128] 中华人民共和国住房和城乡建设部. 可再生能源建筑应用工程评价标准 [S]. 北京：中国建筑工业出版社. 2012: 10-24.

[129] 中华人民共和国国家质量监督检验检疫总局，中国国家标准化管理委员会. 太阳能集热器热性能试验方法 [S]. 中国标准出版社. 2007: 6-10.

[130] 国家节能产品质量监督检验中心. 检验报告：DU050349-2013 [R]. 山东天虹弧板有限公司. 2013: 2.

[131] 刘鉴民. 新型黑色陶瓷太阳能平板集热器的热性能分析 [J]. 甘肃科学学报，1990 (4): 15.

[132] 中华人民共和国国家质量监督检验检疫总局，中国国家标准化管理委员会. 家用太阳能热水系统技术条件 [S]. 北京：中国标准出版社. 2011: 10.

[133] 中华人民共和国国家质量监督检验检疫总局. 家用太阳能热水系统热性能试验方法 [S]. 北京：中国标准出版社. 2002: 7.

[134] 齐树荣. 太阳能热水—热风器在住宅上的应用 [J]. 建筑技术通讯（给水排水），1983, 06: 16-18.

[135] 赵东亮，代彦军，李勇. 空气—水复合平板型太阳能集热器 [J]. 可再生能源，2011, 03: 108-111.

[136] 季杰，罗成龙，孙炜，等. 一种新型的与建筑一体化太阳能双效集热器系统的实验研究 [J]. 太阳能学报，2011, 02: 149-153.

[137] 季杰，罗成龙，孙炜，等. 与建筑一体化太阳能双效集热器系统在夏季工作时对建筑负荷的影响 [J]. 科学通报，2010, 03 (55): 289-295.

[138] 季杰，罗成龙，孙炜，等. 与建筑一体化太阳能双效集热器系统在被动采暖工作模式下的模拟和实验研究 [J]. 科学通报，2010, 13 (55): 1294-1299.

[139] 郭超，马进伟，何伟. 平板型太阳能双效集热器空气集热性能的理论分析 [J]. 安徽建筑工业学院学报（自然科学版），2013, 10 (21): 100-104.

[140] I. Jafari, A. Ershadi, E. Najafpour, et al. Energy and energy analysis of dual purpose solar collector [J]. World Academy of Science, Engineering and Technology, 2011, 81: 259-261.

[141] M.R. Assari, H. Basirat Tabrizi, I. Jafari. Experimental and theoretical investigation of dual purpose solar collector [J]. Solar Energy, 2011, 85: 601–608.

[142] Lalji M. K., Sarviya R. M., Bhagoria J. I. Energy evaluanon of packed bed solar air heater [J]. Renewable and Sustainable Energy Reviews, 2012, 16 (8): 6262-6267.

[143] Omid Nematollahi, Pourya Alamdari, Mohammad Reza Assari. Experimental investigation of a dual purpose solar heating system [J]. Energy Conversion and Management, 2014, 78: 359-366.

[144] 陈宇，郭菲菲，张豪剑，等. 一种新型太阳能集热器及其应用分析 [J]. 知识经济，2012, 17: 99.

[145] 陈则韶，葛新石. 确定对流热损小的平板集热器空气夹层最佳间距的理论和实验研究 [J]. 太阳能学报，1985, 6 (3): 68-78.

[146] 陈则韶，陈熹，葛新石. 关于平板集热器的最佳间距和蜂窝结构热性能的实验研究 [J]. 太阳能学报，1991, 02: 3-8.

[147] Ben Slama Romdhane. The solar air collectors: Comparative study, introduction of baffles to favor the heat transfer [J]. Solar Energy, 2007, 81: 139-149.

[148] N Moummi, S Youcef-Ali, A Moummi, et al. Energy analysis of a solar air collector with rows of fins. Renewable Energy, 2004, 29: 2053-2064.

[149] E Bikgen, B J D Bakeka. Solar collector systems to provide hot air inrural applications [J]. Renewable Energy 2008, 33:

1461-1468.

[150] 李宪莉，由世俊，张欢，等. 盖板式冲缝型空气集热器热性能的影响因素研究 [J]. 太阳能学报，2012, 06 (33): 928-936.

[151] 魏新利，郭春杰，孟祥睿，等. 风量对太阳能集热器热性能影响的实验研究 [J]. 郑州大学学报（工学版），2012, 06 (34): 104-107.

[152] Gunnewiek L H, Brundtett E, Hollands K G T. Effect of wind on flow distribution in unglazed transpired plate collectors [J]. Solar Energy, 2002, 72: 317-325.

[153] Gawlik K, Christensen C, Kustecher C. A numerical and experimental investigation of low conductivity unglazed transpired solar air heaters [J]. Solar Energy Engineering, 2005, 127: 153-155.

[154] 叶宏，葛新石. 带透明蜂窝的太阳空气加热器的实验研究 [J]. 太阳能学报，2003, 24 (1): 27-31.

[155] 高立新，孙绍增，王远峰. 无盖板渗透型太阳能空气集热器热性能的实验研究 [J]. 节能技术，2012, 3 (2): 155-158.

[156] 李华山. 乌鲁木齐地区太阳集热器最佳倾角计算 [J]. 太阳能，2008, (10): 51-53.

[157] Mills D, Morrison G L. Optimization of minimum backup solar water heating system [J]. Solar Energy, 2003, 74 (6): 505-511.

[158] 毕文峰，王侃宏，乔华，等. 平板集热器冬季工况集热性能分析 [J]. 煤矿现代化，2005, 01: 57-59.

[159] 杨庆，丁的，周朝晖，等. 考虑热负荷的太阳能热水系统集热器最佳倾角确定 [J]. 太阳能学报，2007, 28 (3): 309-313.

[160] 奚阳. 平板式热管太阳集热器冬季运行性能研究 [J]. 江西科学，1999, 17 (3): 180-183.

[161] 何世钧，张雨，周文君. 太阳能热水系统集热器最佳倾角的确定 [J]. 太阳能学报，2012, 06: 922-927.

[162] 中华人民共和国国家技术监督局. 家用太阳热系统技术条件 [S]. 北京：中国标准出版社，2012.

[163] 中华人民共和国住房和城乡建设部. 严寒和寒冷地区居住建筑节能设计标准 [S]. 北京：中国建筑工业出版社. 2010: 4.

[164] 中华人民共和国住房和城乡建设部，中华人民共和国国家质量监督检验检疫总局. 农村居住建筑节能设计标准 [S]. 北京：中国建筑工业出版社. 2013: 6.

[165] 中华人民共和国住房和城乡建设部，中华人民共和国国家质量监督检验检疫总局. 建筑给水排水设计规范 [S]. 北京：中国计划出版社. 2009: 100.

[166] 中华人民共和国国家统计局. 中国统计年鉴 2017 [R]. 北京：中国统计出版社. 2017: 2-10.

[167] 高辉，何泉. 太阳能利用与建筑的一体化设计 [J]. 华中建筑，2004, 01: 88-90.

[168] 郑瑞澄. 民用建筑太阳能热水系统工程技术手册 [M]. 北京：化学工业出版社，2004: 64-78.

[169] 中华人民共和国建设部，中华人民共和国国家技术监督局. 民用建筑太阳能热水系统应用技术规范 [S]. 北京：中国建筑工业出版社，2005.

[170] 中华人民共和国住房和城乡建设部，中华人民共和国国家技术监督局，民用建筑节水设计标准 [S]. 北京：中国建筑工业出版社，2010.

[171] 中国建筑标准设计研究院. 太阳能集中热水系统选用与安装 [S]. 北京：中国计划出版社，2006.

[172] 李兴友. 关于居住建筑新风量的探讨 [J]. 福建建筑，2012.11(173): 90-91.

[173] 付祥钊，陈敏. 对住宅新风量的社会学思考 [J]. 重庆建筑，2009.03, 65(3): 1-4.

[174] 王军，张旭. 室内新风量标准的体系构成差异及存在问题 [J]. 环境与健康杂志，2011, 28 (3): 265-267.

[175] 王军，张旭. 建筑室内人员有效新风量及其特征性分析 [J]. 洁净与空调技术，2011, 09 (3): 10-13.

[176] 王智超，王宏恩，唐冬芬. 住宅的通风问题及其对策 [J]. 住宅科技，2006, 10: 51-56.

[177] 吕铁成，李振海. 典型住宅的换气试验及分析 [J]. 能源技术，2007, 28 (3): 175-177.

[178] 中国建筑科学研究院，等. 民用建筑供暖通风与空气调节设计规范 [S]. 北京：中国建筑工业出版社，2012.

[179] 山东天虹弧板有限公司. 陶瓷太阳板锚桩结构坡屋面热水系统安装参考 [R]. 2015-04-11: 2-3.

[180] 山东同圆设计集团有限公司. 高层建筑太阳能热水系统建筑一体化设计 [S]. 山东省建筑标准服务中心，2017: 27.

[181] 赵群. 太阳能建筑整合设计对策研究 [D]. 哈尔滨：哈尔滨工业大学，2008.

[182] Martin W. Liddament. A review of ventilation and the quality of ventilation air [J]. Indoor Air, 2000, 10: 193-199.

[183] 李先庭，杨建荣，王欣. 室内空气品质研究现状与发展 [J]. 暖通空调，2000, 30 (3): 36-40.

[184] 刘欧子，胡欲立，刘训谦. 人体热舒适与室内空气品质研究——回顾、现状与展望 [J]. 建筑热能通风空调，2001, 2: 26-28.

[185] 中华人民共和国住房和城乡建设部，中华人民共和国国家质量监督检验检疫总局. 太阳能供热采暖工程技术标准（征求意见稿）[S]. 北京：中国建筑工业出版社. 2017: 24+40.

[186] 赵群. 太阳能建筑整合设计对策研究 [D]. 哈尔滨：哈尔滨工业大学，2008.